"十四五"高等学校美术与设计应用型规划教材

总主编：王亚非

广东省本科高校教学质量与教学改革工程建设项目

广州市增城区科技创新资金计划项目（民生科技项目）

居住空间设计

主　编　李　蓓

副主编　林淑萍　刘　君　陆　浩

编　委　蒋　明　姜　兵　李　威

　　　　杨柠吏　吴　玲

西南大学出版社

国家一级出版社　全国百佳图书出版单位

图书在版编目（CIP）数据

居住空间设计 / 李蓓主编. — 重庆：西南大学出版社，2023.4（2024.11重印）
ISBN 978-7-5697-1388-6

Ⅰ.①居… Ⅱ.①李… Ⅲ.①住宅－室内装饰设计 Ⅳ.①TU241

中国国家版本馆CIP数据核字（2023）第039933号

"十四五"高等学校美术与设计应用型规划教材
总主编：王亚非

居住空间设计
JUZHU KONGJIAN SHEJI

主　编　李　蓓
副主编　林淑萍　刘　君　陆　浩

总 策 划：周　松　龚明星　王玉菊
执行策划：鲁妍妍
责任编辑：王玉菊
责任校对：戴永曦
封面设计：闰江文化
排　　版：黄金红
出版发行：西南大学出版社（原西南师范大学出版社）
地　　址：重庆市北碚区天生路2号
邮　　编：400715
印　　刷：重庆长虹印务有限公司
成品尺寸：210 mm×285 mm
印　　张：8.75
字　　数：249千字
版　　次：2023年4月 第1版
印　　次：2024年11月 第3次印刷
书　　号：ISBN 978-7-5697-1388-6
定　　价：68.00元

西南大学出版社美术分社欢迎赐稿，出版教材及学术著作等。
美术分社电话：（023）68254657

一

序

当下，普通高校毕业生面临"'超前'的新专业与就业岗位不对口""菜鸟免谈""毕业即失业"等就业难题，一职难求的主要原因是近些年各普通高校热衷于新专业的相互攀比、看重高校间的各类评比和竞争排名，人才培养计划没有考虑与社会应用对接，教学模式的高大上与市场需求难以融合，学生看似有文化素养了，但基本上没有就业技能。如何将逐渐增大的就业压力变成理性择业、提升毕业生就业能力，是各高校急需解决的问题。而对于普通高校而言，如果人才培养模式不转型，再前卫的学科专业也会被市场无情淘汰。

应用型人才是相对于专门学术研究型人才提出的，以适应用人单位为实际需求，以大众化教育为取向，面向基层和生产第一线，强调实践能力和动手能力的培养。同时，在以解决现实问题为目的的前提下，使学生有更宽广或者跨学科的知识视野，注重专业知识的实用性，具备实践创新精神和综合运用知识的能力。因此，培养应用型人才既要注重智育，更要重视非智力因素的动手能力的培养。

根据《教育部 国家发展改革委 财政部关于引导部分地方普通本科高校向应用型转变的指导意见》，推动转型发展高校把办学思路真正转到服务地方经济社会发展上来，转到产教融合校企合作上来，转到培养应用型技术技能型人才上来，转到增强学生就业创业能力上来，全面提高学校服务区域经济社会发展和创新驱动发展的能力。

目前，全国已有 300 多所地方本科高校开始参与改革试点，大多数是学校整体转型，部分高校通过二级学院开展试点，在校地合作、校企合作、教师队伍建设、人才培养方案和课程体系改革、学校治理结构等方面积极改革探索。推动高校招生计划向产业发展急需人才倾斜，提高应用型、技术技能型和复合型人才培养比重。

为配套应用型本科高校教学需求，西南大学出版社特邀国内多所具有代表性的高校美术与设计专业的教师参与编写一套既具有示范性、引领性，能实现校企产教融合创新，又符合行业规范和企业用人标准，能实现教学内容与职业岗位对接和教学过程与工作流程对接，更好地服务应用型本科高校教学和人才培养的好教材。

本丛书在编写过程中主要突出以下几个方面的内容：

（1）专业知识，强调知识体系的完整性、系统性和科学性，培养学生宽厚的专业基础知识，尽量避免教材撰写专著化，要把应用知识和技能作为主导；

（2）创新能力，对所学专业知识活学活用，实践教学环节前移，培养创新创业与实战应用融合并进的能力；

（3）应用示范，教材要好用、实用，要像工具书一样地传授应用规范，实践教学环节不单纯依附于理论教学，而是要构建与理论教学体系相辅相成、相对独立的实践教学体系。可以试行师生间的师徒制教学，课题设计一定要解决实际问题，传授"绝活儿"。

本丛书以适应社会需求为目标，以培养实践应用能力为主线。知识、能力、素质结构围绕着专业知识应用和创新而构建，使学生不仅有"知识""能力"，更要有使知识和能力得到充分发挥的"素质"，应当具备厚基础、强能力、高素质三个突出特点。

应用型、技术技能型人才的培养，不仅直接关乎经济社会发展，更是关乎国家安全命脉的重大问题。希望本丛书在新的高等教育形势下，能构建满足和适应经济与社会发展需要的新的学科方向、专业结构、课程体系。通过新的教学内容、教学环节、教学方法和教学手段，以培养具有较强社会适应能力和竞争能力的高素质应用型人才。

2021 年 11 月 30 日

一

前 言

　　古人日出而作、日落而息的生活习惯在居住空间中有了新的延伸。居住空间伴随了我们一半的日常生活，除了工作、学习、外出之外，剩下的时间都在居室里面度过，很自然地形成了休息空间、会客空间、起居空间、工作空间。

　　由于长时间在室内居住空间中度过，人们开始提出居住空间生活的新理念，对居住空间设计有了新的要求，涉及我们的安全、健康、舒适、审美等方面。随着时间的推移、历史的发展，居住空间逐渐形成了独特的风格，其自然风格和人文风格的影响日益深远，形成了不同地域的特色民居、不同人文环境的民居内部结构。

　　居住空间长期依附于建筑结构，并在建筑结构的基础上有了新的发展风格，融合了对历史、空间的认知，从而发展成了现在的居住空间。居住空间的发展结合了建筑所提供的外部结构、户型、面积、走向等原始因素。老子说："凿户牖以为室，当其无，有室之用。"其意为开凿门窗建造房屋，有了门窗四壁内的空虚部分，才有房屋的作用。从我们的祖先在树上巢居躲避野兽的袭击，到审美与遮蔽功能并存的现代居室，再到当代居住空间的形式和延展方式更加多样。居住空间在进步，设计日显重要，形成了现在的居住空间设计。

　　从古人"凿户牖以为室"开始，我们就有了所处的空间，在居住空间的不断演化之中，产生了住宅。住宅是人类最早期的一种建筑类型，从人们第一次的劳动分工开始，即农业的出现，就形成了石器时代的住宅方式，古人以天然洞穴为居、构木为巢、冬窟夏庐为遮风避雨的空间。接着从第二次劳动大分工开始，出现了商业、手工业的聚落方式，形成城市和乡村的不同居住方式。

影响住宅的主要因素是地理环境和人文环境。当地的地理位置、气候等影响着生产和生活的方式。从以原始氏族的血脉关系为单位而产生的居住住宅，到后来居住单位缩小，形成以家庭为单位的居住空间，再到现代居住空间的单元规模逐渐缩小，以两人或一人为单元的居住方式开始了。

居住空间是室内空间的一种，在对室内空间的设计之中，我们营造了良好的居住空间，因而形成了适合的、宜居的住所空间。居住空间在室内设计中，不仅受到地理环境的影响，而且也受到人们对室内设计安全、健康、舒适、审美等方面的影响。人们觉得居住空间的内部设计会影响到人们的感情、生活、事业及财运，所以居住空间这门学科开始被重视。

居住空间是环境设计的一门必修课，也是室内设计的一门必修课。本书通过对理论知识和实践案例的结合，旨在让大家了解居住空间的设计方法，循序渐进、深入浅出地学习到设计方案的设计方式、方法。首先，通过对居住空间概念、历史风格、发展趋势，以及设计要素、原则、材料的研究，产生基础认知。其次，通过对居住空间设计前期的思维方法与后期的设计流程的理解，学习如何用设计理念和思维方式进行设计。最后，通过优秀设计案例，详细讲解居住空间设计的思路、方式、方法，以及施工图、效果图的设计方式。

课 程 计 划

（建议 64 学时）

章名	章节内容	课时	
第一章 居住空间设计概述	第一节 居住空间设计的历史与风格	1	6
	第二节 居住空间设计的发展趋势	1	
	第三节 居住空间的设计要素与设计原则	2	
	第四节 居住空间设计的材料	2	
第二章 居住空间设计的方法与流程	第一节 居住空间设计的思维方法	2	4
	第二节 居住空间的设计流程	2	
第三章 居住空间功能分区设计	第一节 情景化设计分区——以北京石景山区五里坨下跃样板间概念方案为例	4	8
	第二节 故事化设计分区——以观巢酒店设计方案为例	4	
第四章 居住空间分类及设计方案讲解	第一节 我国居住空间分类与要点讲解	2	22
	第二节 花园洋房类住宅——以本间贵史设计的 90 m² 居住空间为例	4	
	第三节 公寓式住宅——以五里春秋 loft 公寓样板间为例	4	
	第四节 叠拼住宅——以五里春秋叠拼艺术居住空间为例	4	
	第五节 平墅住宅——以天著春秋人居空间为例	4	
	第六节 小户型住宅——以洞穴空间主题公寓为例	4	
第五章 居住空间专题设计	第一节 精品案例解析	2	24
	第二节 专题设计	12	
	第三节 作业讲评	2	
	第四节 设计训练	8	

二维码资源目录

目录

一

097 第五章 居住空间专题设计

CHAPTER 1

一

第一章

居住空间设计
概述

第一节　居住空间设计的历史与风格

课时安排：1 课时

课时任务：了解居住空间的定义和中外居住空间的历史及风格。

学习目的、意义：通过学习本章节的知识，了解居住空间的定义、概念及其与室内空间的关系；通过学习历史上各个时期不同阶段的居住空间类别和风格，为以后的学习奠定基础，对东方和西方的设计阶段、风格有一定的辨识能力。

要求掌握的知识：居住空间的定义和概念，各个时期中外居住空间的特点、历史风格。

课时内容：主要介绍居住空间的概念、内涵及其与室内设计的关系，以及学习的必要性与专业的设置。分别讲述原始社会、奴隶社会、封建社会和资本主义社会居住空间的发展与特征，并区分不同地域关系的住宅风格。

要点：居住空间的历史进程，各个时期的风格、形式变化，社会环境与居住空间的关系。

一、居住空间的历史

居住空间的发展史是一部人类生产生活的进程史，在不同时期、不同地域的居室空间中体现出人类的文明进程以及社会聚落的发展方式。余姚河姆渡人在冬天住庐，夏天住山洞，第一次把居住空间按照季节分配，这是我们居住空间的开端。西方最原始的居住空间开端，可以追溯到公元前 8000 年。在爱琴海岛上的克诺索斯新石器时代的遗址上，发现当时人们的住处为半永久性的草棚，也有人开始用石头建造房子了。

（一）中国居住空间的历史

1. 史前社会的住宅建筑

中国的居住空间从原始社会就存在了。人类从动物的巢、洞穴中得到启发，建造了各种遮风避雨的居住之所，从而开始有了巢居、穴居的生活方式。

新石器时代开始出现穴居和半穴居的居住方式。随着生产力的不断发展，出现袋穴和坑式穴居。袋穴最早出现在约 4300 年前的宁夏固原，其遗址的地理特质为依山面水、坐北朝南，形状呈圆角长方形，四壁外弧呈袋形竖穴状。坑式穴居的居住面有火塘、灶坑、柱及两个耳洞，可在地面上挖出下沉式天井院，再在天井院墙壁上挖出横向穴洞。

后来，巢居衍生出干阑式，进而衍生出吊脚楼（图 1-1）。穴居衍生出坡顶屋，后期衍生出合院（图 1-2）。

图 1-1 巢居—干阑式—吊脚楼

图 1-2 穴居—坡顶屋—合院

2.夏、商、周时期的住宅建筑

夏商时期建筑住宅、建筑木构开始深入发展。到了周代，木构架成为建筑的主梁架构，陶砖、瓦等材料也应用于建筑。空间组织上出现院落形式，住宅内部呈方形，沿中轴线开始分布影壁、门厅、正堂、走廊、居室，以及在住宅中设置私塾、招待客人的厢房（图 1-3）。到了春秋战国时期，这种布局方式日趋常见。

3.封建社会的住宅建筑

汉朝时期继承了先秦时期的院落式住宅建造方式。在独体建筑和组合建筑的基础上，达到建筑结构和组合的一定高度，形成四合院形式的建筑群体单位。大型建筑开始使用围墙和回廊的方式来封闭四合院。其布局开始分为住宅主体和附属建筑，开始出现砖墙。木架结构也出现了抬梁、井干、穿斗、干阑式。

图 1-3 西周时期的住宅建筑

图 1-4　雅典卫城

图 1-5　罗马万神庙

魏晋南北朝时期，社会动乱，为防御袭击产生了特有形式住宅——"坞堡"。贵族住宅开始含有走廊环绕庭院，大门使用庑殿式和鸱尾，窗户是直棂窗。

隋唐五代，贵族住宅使用乌头门的大门或者庑殿顶作为其地位的象征，同时选用包括直棂窗、回廊环绕的庭院。晚唐，庭院向合院式住宅过渡，内部空间逐渐高大，人们从席地而坐到垂足而坐。

宋代，隋唐的里坊制解体，住宅形式受到商业化模式影响，开始出现城市的瓦屋和农村的草舍。城市住宅开始有门屋、厅堂、廊屋并呈四合院形式布局。屋顶形式变化丰富、自由活泼，有歇山式和悬山顶。官僚住宅的前厅和后面的寝室呈"工"字形或者"王"字形，用回廊连接。

元代，"工"字形平面主屋结构出现，结合了砖券结构的无梁殿。黄土高原的居民开始建造窑洞式穴居。江南出现大型木架结构的住宅。

明清时期，住宅形式出现了南北差异。北方出现四合院，南北轴线，呈对称式布局。江南出现封闭式院落，纵轴线，呈正南北向。北方民居为平顶屋，多用砖瓦土石砌成，门窗开在背风的朝阳一面，屋内有暖炕，墙壁厚实。南方民居屋顶坡度大，窗户小，屋顶镂空，高出地面，竹木结构，墙壁薄，屋内设置火塘。

近代的住宅，居住模式开始呈社区状，以小区为结构的住宅方式出现。各种户型百花齐放，有花园洋房类住宅、公寓式住宅、叠拼住宅、平墅住宅、小户型住宅和大型活动交流空间等。

（二）外国居住空间的历史

1.古希腊、古罗马建筑

古希腊建筑属于梁柱结构体系，一般用石材堆砌。由于石材是天然的材质，石头最大 7—8 m，最小 4—5 m。石柱用圆形的石块垒起来，中间用榫卯和金属销子连接。墙壁用石块砌成，一般用作砌墙的石块平整精细，砌缝很小，不用胶，室内空间封闭简单，造型变化少。其代表建筑是雅典卫城（图 1-4）。

古罗马建筑在材料、结构、施工与空间设计上都有很大的建树。其最大的成就是产生了拱券技术。古罗马的建筑一般用厚实的砖石墙、半圆形拱券、逐层挑出的门框装饰，形成一种交叉拱顶的结构。其代表建筑是罗马万神庙（图 1-5）。

2.中世纪时期建筑

拜占庭是一种建筑艺术形式，整体造型中心突出，中心是高大的圆穹顶。穹顶支撑在独立的方柱结构上；方形平面四边留出拱券；四个券之间砌筑对角线直径大小的穹顶；内部空间非常自由，颜色光彩夺目。

西欧中世纪建筑风格从罗曼式建筑风格发展而来，其特色是尖形拱门、肋状拱顶与飞拱。

3. 资本主义萌芽时期的建筑

意大利文艺复兴时期在建筑结构、施工工艺上都达到了新的水平，梁柱结构与拱券结构混合应用。大型建筑下层用石材做基础，上层用砖头砌墙。顶部在方形平面上采用鼓形座和圆顶，穹隆采用外壳和肋骨。

法国古典主义时期出现了巴洛克和洛可可两种建筑风格。

二、居住空间的风格

（一）中国居住空间风格

1. 中国民居的建筑形式

在日趋发展的中国建筑民居中，出现了四种集约化的形式，即地面式、临水式、下沉式、架空式。

地面式代表：四合院、云南一颗印。四合院是中国汉族传统民居建筑，分为前后两院。各个房屋、院落用游廊连接，并以雕刻、彩绘来装饰。一般的四合院由正房和厢房围合院落，正房、厢房、前廊、垂花门用游廊连接。内部的装修包括天花板、隔断。其中隔断又有板壁、花罩、博古架、碧纱橱四种形式。云南一颗印主要分布在高原多风地区，墙厚瓦重，外围用厚实的土坯和夯土筑造，或用金包银，梁架为穿斗式。（图1-6、图1-7）

临水式代表：江南民居。其代表建筑是徽州民居，在布局上紧凑连通，主要以天井为中心，在中轴线两边对称建造房屋，四周建有围墙；结构上，进门为前厅，中开天井，后设厅堂；梁架上刷桐油，清淡质朴，形成四水归堂式结构。（图1-8）

下沉式代表：黄土高原窑洞。窑洞为坑院式，先在地上挖个深坑，再在坑壁上开窑洞，从而形成

图 1-6 四合院

图 1-7 云南一颗印

图 1-8 四水归堂式结构

图 1-9 窑洞

图 1-10 吊脚楼

图 1-11 木构抬梁、穿斗与混合式建筑结构

图 1-12 竹木构干阑式建筑结构

内院。窑洞的窗户非常大，可以增加采光。（图 1-9）

架空式代表：云南竹楼。云南竹楼的代表建筑是吊脚楼。因为云南多为山区，所以架高房屋，建立吊脚楼。吊脚楼一般有两到三层，依山而建，后半部分靠山，前半部分用木柱支撑，三面有走廊，悬出木质栏杆，木桩上刷有防潮的桐油。走廊被叫作"美人靠"。其结构为歇山顶穿斗挑梁式木架干阑建筑，一般用青瓦或者杉木皮覆顶。（图 1-10）

2. 中国民居式建筑结构

中国民居式建筑结构主要有木构抬梁、穿斗与混合式，以及竹木构干阑式、木构井干式、砖墙承重式、碉楼、土楼、窑洞、阿以旺、毡包。

木构抬梁、穿斗与混合式建筑结构，主要分布在北京、江苏、安徽、江西、湖北、云南、四川等地。北方民居多用抬梁式，尤其是北京四合院的正房结构中。南方民居多用穿斗式，尤其是云南白族的住宅主体部分。云南彝族住宅结构构架用穿斗而不落地的样式，形成木拱架。皖南、江浙地区和江西省一带的住宅中，使用穿斗式。（图 1-11）

竹木构干阑式建筑结构，主要分布在广西、海南、贵州、四川等地的少数民族住宅结构中。干阑式住宅中，用竹子、木梁柱架作为屋子的主要结构。其分布很广，主要用在潮湿的山地和水域之上，一边搭在岸上，一边立于水中。（图 1-12）

木构井干式建筑结构，主要分布在东北地区和云南省的林业区等。东北地区和云南省的林业区住宅一般使用木垒墙壁，采用端部开槽的凹榫相叠。我国原始社会时期就采用井干壁体作为承重墙。（图 1-13）

图 1-13 木构井干式建筑结构

砖墙承重式建筑结构，主要分布在陕西、山西、河北、河南地区。砖用于住宅砌墙，起承重作用，在北方形成了硬山式住宅，其一般样式是四合院。（图1-14）

碉楼，主要分布在青藏高原和内蒙古自治区。碉楼的产生与山地的特殊地理环境有关系，青藏高原和内蒙古自治区多山，石材和片麻岩取材容易，加工方便。碉楼外墙即是厚实的石材，结构是密梁木楼。（图1-15）

土楼，主要分布在福建、广东、江西等地。土楼是客家建筑，所在地区的土质是红壤和砖红土壤，质地黏重，韧性大，稍做加工便可以建起高大的楼墙。（图1-16）

窑洞，主要分布在豫西、晋中、陇东、陕北等地。窑洞的前身是原始社会穴居的横穴，在天然黄土层上打洞，留出空间居住。

阿以旺，主要分布在新疆南部。阿以旺是维吾尔族的常见建筑结构，已有三四百年的历史，土木结构，平顶屋，带外廊。其有天窗的大厅留井孔采光，天窗高出屋子40—80 cm，各个屋子都有井孔采光。在结构上，顶部用木梁，厅内周围有

图 1-14 硬山式住宅

图 1-15 碉楼

图 1-16 土楼

图 1-17 阿以旺

图 1-18 毡包

图 1-19 哥特式室内装饰风格

图 1-20 文艺复兴式室内装饰风格

土台,室内用石膏花纹装饰,墙壁用织物装饰。(图1-17)

毡包,主要分布在内蒙古、新疆等地区。毡包搭配简单,用枝条做骨架,围合成一个伞状的支架,在交界处用皮布扎紧,外面用羊皮和毛毡束成。毡顶留一个圆形小孔,用于白天采光。(图1-18)

(二)西方居住空间风格

西方传统居住空间风格主要有哥特式、文艺复兴式、巴洛克式、洛可可式、新古典主义式、维多利亚式、现代主义式、后现代主义式。

哥特式室内装饰风格古典庄严,优美神圣,整体偏沉郁黑暗却不失华丽优雅。其总体风格空灵、纤瘦,尖拱高耸、尖哨,墙体高耸。在装饰中,垂直向上的线条营造出独具哥特式风格的修长感和仪式感,以高、直、尖为特征。(图1-19)

文艺复兴式室内装饰风格主要采用古希腊、古罗马时期的建筑风格。在内部结构中采用古典柱式,以几何图形作为母体,室内大量应用人体雕塑、壁画和线性装饰图案的挂件。(图1-20)

巴洛克式室内装饰风格富丽堂皇、新奇畅快,具有强烈的世俗享乐感,注重室内的空间感和立体感,强调艺术家的想象力和艺术形式的综合手段。(图1-21)

洛可可式室内装饰风格是一种柔美的、细腻的建筑风格,一般使用曲线和圆形,尽可能避免方角。装饰题材上使用草叶、蚌壳、蔷薇、棕榈。材质上用木材代替大理石。(图1-22)

新古典主义的室内装饰风格是一种返古的室内风格。一方面保留了历史上的材质、色彩及文化底蕴,另一方面摒弃了传统的肌理和装饰。其造型追求形似古典主义,但不是仿照;材料加工追求新的时代感。(图1-23)

维多利亚式室内装饰风格是一种矫揉造作、烦琐堆砌、异国情调浓厚的室内建筑风格。其造型庞大、饱满,装潢别具一格,使用洛可可的涡卷纹、哥特的尖塔纹、文艺复兴时期的绞缠纹,采用新的建筑结构和新的工艺。(图1-24)

图 1-21 巴洛克式室内装饰风格　　　　图 1-22 洛可可式室内装饰风格

图 1-23 新古典主义式室内装饰风格　　图 1-24 维多利亚式室内装饰风格

图 1-25 现代主义折中风格　　　　　　图 1-26 后现代主义式室内装饰风格

　　现代主义室内设计风格的建筑向新派建筑发生演变。20 世纪是建筑蜕变的时期，这一时期被称为"新建筑运动"时期，出现了古典主义、浪漫主义和折中主义等装饰艺术风格。（图 1-25）

　　后现代主义的室内装饰风格出现高技派或称重技派、光亮派、白色派、新洛可可派、风格派、超现实派、解构主义派、装饰艺术派。（图 1-26）

第二节 居住空间设计的发展趋势

课时安排：1 课时

课时任务：了解居住空间设计的发展趋势。

学习目的、意义：通过学习本章节的知识，了解居住空间设计的发展趋势，深入学习绿色设计、人性化设计、智能化与集成化设计。

要求掌握的知识：通过绿色设计、人性化设计、智能化与集成化设计几个方面来研究当下乃至未来的空间设计发展方向。

课时内容：主要介绍居住空间设计的发展趋势，环保设计和低碳设计的发展方向，人性化主题设计以及科技成果的发展趋势。

要点：居住空间设计的发展趋势，绿色设计、人性化设计以及智能化与集成化设计。

随着时代的不断发展，人们对居住空间的要求不断提高，居住空间的发展日趋科学化，逐步演进为绿色设计、人性化设计、智能化与集成化设计。

一、绿色设计

绿色设计是指采用简化设计和生产制作方法，使用新型环保材料进行低碳低耗的设计，尽可能再生利用的设计理念。（图 1-27）

二、人性化设计

人性化设计一直是设计界的主题，其设计思想为以人为本，符合人们生活和生产需求，采用符合人体工程学的理念，满足人们身心的健康需要，创造和设计安全、健康、舒适的生产生活环境与产品。（图 1-28）

图 1-27 绿色设计

图 1-28 人性化设计

图 1-29 智能化家居

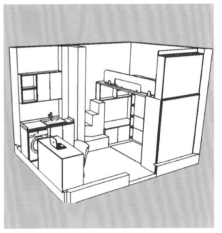

图 1-30 集成化家居

三、智能化与集成化设计

　　科技创新已经成为现代社会的主旋律，科技为家居带来了全新的革命，智能、高效引领当今潮流。人工智能在家居空间中大量地被采用，实现了无人服务和智慧大脑共存的大数据时代，家庭居住空间中也实现了类似的智能家居，如智能照明、语音遥控、人脸识别防控、机器人管家等，这些都是智能化家居的应用。集成化家居也带来了高效，大量地采用标准化加工后的零配件和主体结构，一次性完成现场组装，简化家居空间的设计和施工过程，从而达到高效经济的目的。（图 1-29、图 1-30）

第三节 居住空间的设计要素与设计原则

课时安排：2课时

课时任务：了解居住空间的设计要素、设计原则。

学习目的、意义：通过学习本章节的知识，了解居住空间的设计要素和原则，深入学习居住空间设计的基础要素、功能空间与陈设要素、人体尺寸与空间尺度要素、美学原理与材质要素。学习居住空间的设计原则，主要有实用与安全性、美观与舒适性、尺度与规范性、无障碍化设计。

要求掌握的知识：居住空间的设计要素和设计原则。

课时内容：主要介绍居住空间的设计要素、设计原则。

要点：居住空间的设计要素、设计原则。设计要素主要有基础要素、功能空间与陈设要素、人体尺寸与空间尺度要素、美学原理与材质要素。设计原则主要有实用与安全性、美观与舒适性、尺度与规范性、无障碍化设计。

一、居住空间的设计要素

（一）基础要素

基础要素是指居住空间中的基本构成要素和功能组成部分，包括住宅的基本结构和基础物理要素及生活所需要素。

基本结构有柱、梁、墙、地、顶、门、窗、垭口、过道、踢脚线、水槽、承台、沉池、台阶、楼梯、阳台、花园、扶手、烟道、地漏、下水管道、进水管道、入户电箱、燃气管阀、暖气管阀等。

基础物理要素包括声音的传导与防控、光线的传递与控制、热量的控制、空气和通风的控制、磁场的运用与避免等。

生活所需要素有冷热水利用、净水使用与污水排放、电器使用与照明系统、网络与通信及智能化设施使用等。

（二）功能空间与陈设要素

功能空间是指住宅中划分功能区域所形成的空间，包括必要功能空间和扩展功能空间。必要功能空间有卧室、厨房、餐厅、客厅、卫生间。扩展功能空间有玄关、书房、阳台、娱乐室、音乐室、健身室、储物室、更衣室、形体室、游泳池、家用办公室等。而陈设要素是指在功能空间中安放的物品，包括家具、灯具、饰品、装饰画、植物等，这些物品都具备各自的特点和风格，这些陈设具有一定的使用功能，还有些具备审美和精神功能，可提升室内空间的文化品位，并对室内风格和格调影响很大。

（三）人体尺寸与空间尺度要素

人体尺寸是室内空间中必不可少的因素，关系到室内空间和家居

码 1-1 功能空间划分

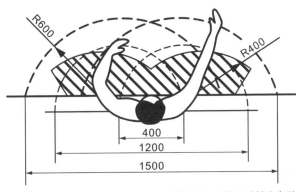

图 1-31 人体尺寸基本参数

环境是否符合居住者的使用需求。基本参数、人体尺寸适用范围和空间尺度适用范围是居住者最重要的使用依据，设计时应该严格按照此要求进行。（图 1-31）

空间尺度要素是一种标准，可根据容纳居住者的数量，确定所在空间的尺度，包括静态尺度、动态尺度、心理尺度。空间尺度大会产生开阔、宏伟、博大的感觉，空间尺度小则会产生亲切、安静和温暖的感觉。但是空间尺度要素的把握要有一个度，如果超过了这个度，那么过大会让空间变得空旷，过小则会产生局促之感。

（四）美学原理与材质要素

美学已经深入人们生活的各个方面，家居空间也不例外，造型和色彩都是家居空间美学的基本要素。造型涵盖形状、大小、层次、比例、肌理、构成形式、节奏、韵律等。其中形状包括点、线、面、体基本组成元素，也包括圆、方、三角等基本的几何形式，还包括折线、虚拟线、隐形线、虚拟面、弧形、不规则形状等。色彩涵盖光色原理、色彩基础与色彩应用等。

材质是实现美的载体，材质的粗糙、光滑、反光、亚光、硬质、软质等直接影响美感的实现。（图 1-32、图 1-33）

图 1-32 材质 1

图 1-33 材质 2

图 1-34 舒适化设计

图 1-35 无障碍化设计

二、居住空间的设计原则

（一）实用性与安全性

实用性是居住空间的主要特点，居住空间设计如果缺乏实用性，空间将失去存在的意义。安全性也是居住空间的重要特点，居住空间的安全性设计是否合理直接影响居住者的安全。这都是居住空间设计的重点。

（二）美观与舒适性

美观与舒适是人人追求的权利和愿望，居住空间的美给人们的居住带来愉悦的心情和良好的状态。舒适的居住空间能给人带来高效的工作效率和健康的生活环境。（图 1-34）

（三）尺度与规范性

尺度一直是设计的基本要求，这也是居住空间设计的底线，所有的设计必须按照人体和空间的尺寸要求进行，否则将带来严重的后果。建筑规范、设计规范、建筑法规等是设计图纸的基本要求，这些都不能胡编乱造，必须严格按照要求执行。

（四）无障碍化设计

无障碍化设计为生活和生产过程中的人们提供没有障碍的设计，尽可能为有障碍人群提供方便、安全、健康的设计服务和设施等，其中包括无障碍通道、盲道、无障碍卫生间、无障碍视听环境等。（图 1-35）

课时安排：2 课时

课时任务：了解居住空间设计的材料。

学习目的、意义：通过学习本章节的知识，了解居住空间设计的材料，通过不同的划分方式了解居住空间中材料的应用。

要求掌握的知识：居住空间设计的材料。

课时内容：主要介绍居住空间设计的材料。

要点：居住空间设计的材料主要分为装饰石材、墙地面瓷砖、木材、地板、地毯、玻璃、壁纸等。

居住空间的装饰材料是构成居住空间硬装的基础材料，室内装饰一般由硬装开始，然后发展到软装，包括家具、陈设、地板、地毯等。所以硬装的基础硬件装饰是必不可少的。装饰材料可以按照很多种方式分类，按照化学成分可以分为无机材料、有机材料、复合材料；按照装饰使用部分可以分为外墙装饰材料、内墙装饰材料、地面装饰材料、顶面装饰材料；按照市面上的装修方式可以分为装饰石材、墙地面瓷砖、骨架材料、木材、地板、地毯、玻璃、壁纸、五金材料、油漆涂料等。这里主要介绍装饰石材、墙地面瓷砖、木材、地板、地毯、玻璃和壁纸。

一、装饰石材

装饰石材是居室装修必不可少的材料，石材按照其性能可以分为天然石材、人造石、文化石三种类型。

（一）天然石材

天然石材分为花岗岩和大理石两种类型。

1.花岗岩

花岗岩的硬度良好，抗压强度也不错，孔隙率小、吸水性好、导热快、耐磨性好、抗酸碱性好、抗腐蚀性好。现在市面上花岗岩的尺寸多种多样，尤其以 600 mm×600 mm×20 mm、800 mm×800 mm×25 mm、1000 mm×1000 mm×30 mm、800 mm×1600 mm×30 mm 居多。随着家庭居室套内面积的增加，花岗岩的尺寸也逐渐增大。（图 1-36）

图 1-36 花岗岩

第四节 居住空间设计的材料

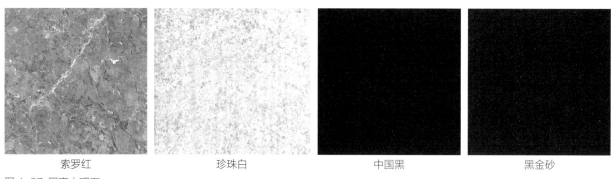

索罗红　　　　珍珠白　　　　中国黑　　　　黑金砂

图 1-37　国产大理石

印度红　　　　爵士白　　　　大花绿　　　　阿曼米黄

图 1-38　进口大理石

值得注意的是，一般用于铺设室内地面的花岗岩厚度为 20—30 mm，铺设家具台柜的花岗岩厚度为 18—20 mm。

2. 大理石

大理石也是一种天然的石材，一种碳酸性岩石，密度高、抗压性好，硬度不大，与花岗岩对比较软，并且更加容易雕琢。大理石品种多样，色彩艳丽。

常见的大理石分为国产和进口两种。国产大理石有索罗红、珍珠白、中国黑、黑金砂等颜色。进口大理石有印度红、爵士白、大花绿、阿曼米黄等颜色。（图 1-37、图 1-38）

（二）人造石

人造石是一种利用有机材料和无机材料合成的材料种类，具有轻质量、高强度、耐污染、多品种、好施工的特点。人造石材一般用于厨房的灶台台面、洗手池的台面、窗台的面板、屋子的隔断板、灯箱等地方。

常见的人造石材可分为聚酯型石材、纯亚克力石材和复合亚克力石材。

（三）文化石

文化石是一种居室里面装饰用的石材，材质坚硬、色泽鲜明、纹理丰富、风格各异，具有抗压、耐磨、耐火、耐寒、耐腐蚀、吸水率低等特点。

二、墙地面瓷砖

1. 釉面砖

釉面砖的表面经过烧釉处理，可分为陶制釉面砖和瓷制釉面砖，主要特点是质地紧密、美观耐用、易于保洁、空隙率小、膨胀不显著。市面上墙面砖的规格一般为 200 mm×200 mm×5 mm、200 mm×300 mm×5 mm、200 mm×330 mm×6 mm、330 mm×450 mm×6 mm 等，地面砖的规格一般为 250 mm×250 mm×6 mm、

300 mm×300 mm×6 mm、500 mm×500 mm× 8 mm、600 mm×600 mm×8 mm、800 mm× 800 mm×10 mm等。

2. 通体砖

通体砖表面不上釉,正反面材质和色泽一致,一般用于过道、厅堂、室外走道等区域的地面,很少用于墙面,多数的防滑砖都属于通体砖。

常用的通体砖规格为 300 mm×300 mm× 5 mm、400 mm×400 mm×6 mm、500 mm× 500 mm×6 mm、600 mm×600 mm×8 mm、800 mm×800 mm×10 mm 等。

3. 抛光砖

抛光砖是经过通体砖表面打磨而成的一种光亮的砖种,属于通体砖的一种。相对通体砖而言,抛光砖的表面要光洁得多。抛光砖坚硬耐磨,适合在除洗手间、厨房以外的多数室内空间中使用。

常用的抛光砖规格为 400 mm×400 mm× 6 mm、500 mm×500 mm×6 mm、600 mm× 600 mm×8 mm、800 mm×800 mm×10 mm、1000 mm×1000 mm×10 mm等。抛光砖可做出各种仿石、仿木效果。

4. 玻化砖

玻化砖其实就是全瓷砖。其表面光洁但又不需要抛光,所以不存在抛光气孔的问题,质地坚硬、价格昂贵,主要以地面砖为主。

常用的玻化砖规格为 400 mm×400 mm× 6 mm、500 mm×500 mm×6 mm、600 mm× 600 mm×8 mm、800 mm×800 mm×8 mm、900 mm×900 mm×10 mm、1000 mm× 1000 mm×10 mm等。

5. 陶瓷锦砖

陶瓷锦砖又称马赛克,是一种特殊存在的砖,它一般由数十块小块的砖组成一个相对的大砖。它小巧玲珑、色彩斑斓,被广泛使用于室内小面积地面、墙面及室外大小幅墙面和地面。一般可分为陶瓷马赛克、大理石马赛克和玻璃马赛克三种。

常用的陶瓷锦砖规格为 20 mm×20 mm、25 mm×25 mm、30 mm×30 mm,厚度为4—4.3 mm。

6. 仿古砖

仿古砖是一种上釉瓷质砖,通过样式、颜色、图案营造出怀旧的效果。现在市面上流行一种"仿古砖"的地面砖类,实际上就是将普通陶砖表面铸成凹凸纹理,其颜色多为橘红、陶红、灰色等,视觉效果有凹凸不平感,多用于客厅、浴室、厨房、阳台等。

仿古砖常用规格大多为 300 mm×300 mm、600 mm×600 mm 等。

三、木材

木材是一种常用的材料,一般在室内作为主材装修。木材的主要特点是材质轻、强度高,有较佳的弹性和韧性;易加工,可用于表面装饰;对光、声、电有高度的绝缘性;纹理优美。

木材主要分为软木和硬木两种类型。

1. 软木,也叫针叶树木,易于加工。其表面密度小,浓缩变形不大,耐腐蚀性强。针叶树木在室内工程中主要用于隐蔽工程和承重工程,如梁、吊顶用的木龙骨等。常见的软木树种有银杏、柏木、白松、马尾松、泡杉等。

2. 硬木,也叫阔叶树木。其材质坚硬、强度较大、纹理自然美观,是室内家具制造的主要饰面材料。常见的硬木树种有柚木、水曲柳、楠木、榉木、桦木等。

四、地板

1. 实木地板

实木地板为一种条状的天然木材,是用于地面铺设的材料。一般使用耐磨、耐腐蚀、耐潮的木材。通过对木材的密度和软硬程度进行区分,实木地板可以分为普通地板、中档地板和高档地板三个等级。实木地板特点为弹性好、导热系数小、构造简单、施工方便等。

普通地板:杨木、杉木、柳木、椴木等。

中档地板:楸木、柏木、桦木、槭木、榆木等。

高档地板:檀木、槐木、胡桃木、水曲柳等。

2.复合地板

复合地板由多层不同材料复合而成。目前市面上的复合地板主要有两大类：一类是实木复合地板，另一类是强化复合地板。

（1）实木复合地板的直接原料为木材，保留了天然实木地板的优点，即自然的纹理，脚感舒适，但表面耐磨性比不上强化复合地板。

（2）强化复合地板主要是利用小径材、枝桠材和胶黏剂通过一定的生产工艺加工而成。这种地板表面平整，花纹整齐，耐磨性强，便于保养，但脚感较硬。

五、地毯

市面上的地毯主要有五种：纯毛地毯、化纤地毯、混纺地毯、橡胶地毯、剑麻地毯。

1. 纯毛地毯：主要原料为粗绵羊毛，可分为手工编织、机械编织、毛纺织等，价格偏高，具有保暖、吸声、柔软舒适等优点，缺点是易虫蛀、易长霉。

2. 化纤地毯：由面层、防松层和背衬组成，主要材料有尼龙、丙纶、涤纶等，具有吸声、保温、耐磨、防虫蛀等优点，缺点是弹性差、脚感硬、易吸收灰尘。

3. 混纺地毯：结合纯毛地毯和化纤地毯的优点，在羊毛纤维中加入化学纤维制作而成，耐磨性能比纯毛地毯高出 3 倍以上，同时也克服了化纤地毯静电吸尘的缺点，具有保温、耐磨、防虫蛀等优点，价格适中。

4. 橡胶地毯：以天然橡胶为原料，经蒸汽加热压模而成，其绒毛长度为 5—6 mm，具有防霉、防滑、防虫蛀、隔热、绝缘、耐腐蚀及清扫方便等特点。

5. 剑麻地毯：以剑麻纤维为原料，经纺纱编织而成，分素色和染色两种，具有耐磨、耐酸碱、无静电等优点，缺点是弹性较差。

六、玻璃

市面上的玻璃主要有平板玻璃、磨砂玻璃、压花玻璃、钢化玻璃、玻璃砖等。

1. 平板玻璃：产量最大，用量最多。普通的平板玻璃主要用在门窗、屏风等位置，起透光、挡风和保温等作用。

2. 磨砂玻璃：使用机械喷砂或手工碾磨等方法将玻璃表面处理成均匀的毛面，具有透光不透形的特点。一般用于卫生间、浴室、办公室的门窗及隔断等位置。

3. 压花玻璃：由熔融的玻璃浆在冷却的过程中通过带图案的辊轴压制而成，又称滚花玻璃。其具有透光不透形的特点，一般厚度为 3 mm 和 5 mm。

4. 钢化玻璃：将普通玻璃加热到一定程度后再急速冷却而成。其特点是强度高，抗弯强度好，主要用于门窗、隔断墙、橱柜门等地方。

5. 玻璃砖：又称特厚玻璃，有空心砖和实心砖两种，主要用于砌筑透光墙壁、隔墙、淋浴隔断、通道等。一般有 145 mm、195 mm、250 mm、300 mm 等规格。

七、壁纸

市面上的壁纸主要有纸面壁纸、塑料壁纸、纺织壁纸、天然壁纸。

1. 纸面壁纸：在纸面上印有各种花纹图案，具有透气性好、价格便宜等优点，缺点是不耐水、不耐擦。

2. 塑料壁纸：以优质木浆纸为基层，经印刷、压花、发泡等工序加工而成，品种繁多，色泽丰富。

3. 纺织壁纸：属于较高档的品种，主要用丝、麻、棉、毛等纤维织成，质感好，透气。

4. 天然壁纸：用珍贵树种的木材切成薄片制成，具有阻燃、吸声、防潮的特点，装饰风格自然、古朴、粗犷。

一

第二章

居住空间设计
的方法与流程

第一节 居住空间设计的思维方法

课时安排：2 课时

课时任务：了解居住空间设计的创意方法和构思需求。

学习目的、意义：通过学习本章节的知识，了解居住空间设计的思维方法，通过对居住空间的受众人群、功能划分、结构和装饰、装饰效果的造型以及文化内涵的分析形成好的创意。

要求掌握的知识：居住空间使用者的分析，受众群体的爱好及文化、理念的深入探讨。

课时内容：主要介绍居住空间设计的思维方法。

要点：居住空间的受众人群、功能划分、结构和装饰、装饰效果的造型及文化内涵。

在室内空间设计中，需要根据一定的方法和流程进行居住空间的设计，正确有效的创意是做好设计行之有效的办法。可以从居住空间的受众人群、功能划分、结构和装饰、装饰效果的造型，以及文化内涵的角度思考，从而得出好的创意。

一、从使用者角度得出创意

首先通过分析居住空间的使用者，了解使用者、户主的认知与思维方式，得出设计的创意方向以及好的设计灵感。在面对设计受众人群的时候，需要了解居住的人数，不同年龄段的分层和人物的年龄、性格、喜好，还需要了解他们对色彩、肌理以及声、光、热的需求，从而进一步对居住者的心理进行分析，选择他们喜欢的设计风格和功能需求。

二、从功能划分的角度得出创意

在对户主家庭进行分析之后，首先明确他们所需要的功能。然后对空间进行划分，从动静区域划分、家务流线、家人流线、客人流线等需求中得到启发，延展出以功能结构为基础的设计思路。把划分的空间概括为公共生活区域空间、私人生活区域空间、生活工作区域空间。在空间中规划起居方位和动线、家务方位、家庭工作路线，进行功能划分、区间划分、私人工作区域划分，把动静空间整合、归纳、重塑，形成新的设计空间。（图 2-1、图 2-2）

在原有的空间中划分出新的功能空间，可以在客厅设置玄关进行收纳，设置隔断形成空间的划分，设置转角沙发围合出起居空间；在卧室中设置衣帽间，储藏衣物，进行日常衣物的更换；在阳台上设计躺椅、休闲椅，划分出休闲空间。

通过对空间的规划得出好的创意，符合人生存环境的设计思路。

图 2-1 提升交通动线的高效性

图 2-2 低效空间的充分利用

三、以结构和装饰为基点得出创意

1. 通过建筑结构设计出新的居住空间效果图。一般情况下，设计师会在建筑施工的时候，提前入场了解建筑结构，以便后期把居住空间的装饰与建筑结构结合起来设计。从建筑原生态的结构中延展设计想法，得出设计灵感。

2. 改进结构，设计新的空间。在对建筑结构了解之后，再进行结构的改良，从而得出新的设计想法。

3. 了解新工艺，看能否用于室内设计中。在木工、泥工、漆工等工艺的应用基础上，结合对工艺的创新进行居住空间的设计，延展设计灵感。

4. 将无污染、可回收再利用的环保材料和自然材料应用到设计之中，在研究材料的过程中产生新的符合人体工程学的绿色、节能、环保的设计灵感。

四、通过装饰效果的造型得出创意

1. 寻找功能对应点，追求最优的设计；把功能设计与造型形式结合起来，用加法或是减法的方式得出相应的设计方法。

2. 改变部分构件尺度，看造型是否更新奇美观；通过改良造型的体量感得出新的设计思路，当空间体量感变大或是变小的时候会呈现出不同的视觉感受，从而在设计之中衍生出新的设计灵感。

3. 换一种放置方式，改变家居的摆放位置、方向，调整高低、改变角度，从而产生新的空间设计思路。

4. 打散重组，即把空间元素打散、重组形成新的元素组合。在空间中通过家居陈设的结合和分散，可以形成新的设计思路。

5. 表面装饰可直接反映材料本性。一方面，对材料进行加工，形成一种从材料把握上的设计思路延伸。另一方面，通过对石材、木材、砖石、纤维结构的裸露，达到室内的装饰效果，形成不同的设计思路。

6. 几何体造型是设计有效的表达方式之一，通过点、线、面在几何形态、立体造型中的应用，产生相应的设计思路。

7. 结合现有的仿生设计、趣味性设计，得出新的设计灵感和设计思路。

五、通过文化内涵得出创意

1. 分析地域文化特征，寻找文化符号。分析空间项目所在的地域、文化氛围，通过对当地地域和文化的分析，得出设计灵感和设计思路；通过人文环境感受室内空间设计的文化气氛，从而得到相应的启发。

2. 从传统居室空间中吸取营养，设计出符合中国文化的居室设计，体现中国文化的设计特色，从中国传统哲学中获取特有的设计元素；从儒家文化"中庸""和为贵"等思想中产生相应的设计灵感；从剪纸、皮影、杨柳青年画等民间文化艺术中汲取设计灵感；在金石、书法和绘画艺术中获取设计理念和思路。

3. 通过反映信息社会的文化内涵及特点，得出速度感、高精度的设计思路，获得完整、愉快、舒适、合意的设计灵感。

4. 发掘文化观念的设计，可从反思、道德、良知等方面打开设计思路，从而形成相应的设计方式。

课时安排：2 课时

课时任务：了解居住空间的设计流程。

学习目的、意义：通过学习本章节的知识，了解居住空间的设计流程，通过对设计流程从始至终的研究、论证，得出合理化的流程设计过程。

要求掌握的知识：居住空间设计的计划准备阶段、现场调查阶段、立意与表达阶段、设计语言的表达与方法。

课时内容：主要介绍居住空间的设计流程。

要点：居住空间设计的计划准备、现场调查、立意与表达、设计语言的表达与方法。

一、计划准备（图2-3）

（一）设计前期准备

在设计的前期，需要一段很长的准备阶段。

首先，明确设计的目的和任务。知道要做什么，然后再思考怎么去做，从功能需要、心理需要、审美需要等不同的角度审视设计所需要解决的主要问题。

其次，清楚设计项目的实施过程：沟通分析、现场勘察、方案设计、签约、开工、代购主材和家具。

最后，分析受众。受众分析分为三部分，即客户消费心理分析、家庭因素分析、居住条件分析。

图2-3 计划准备

1.客户消费心理分析，即客户对价格、质量、设计效果的分析。在与客户交谈之中明确客户的心理价格、实际消费水平；把握客户对质量的要求——是高品质的还是普通的；明确设计的效果，把握一定的设计要求与实施需求。

2.家庭因素是设计师与客户沟通中必须了解的。①家庭结构形态：在概念上分为初婚夫妇的新生期、中年携子的发展期、后期老人的老年期；②家庭综合背景：主要注意客户的籍贯、教育背景、信仰、职业；③家庭性格类型：共同性、个别性格、偏爱、偏恶、特长、缺乏感等；④家庭生活方式：群体生活、社交生活、私生活、家务态度和生活习惯；⑤家庭经济条件类型：高、中、低收入型。

3.居住条件分析是指对自然环境和人文环境的分析，主要包括建筑环境条件、四周景观，以及近邻情况和私密性、宁静性。

（二）制定项目任务书

在设计的中前期，需要制定项目任务书。项目任务书的主要内容包含地点、位置、设计范围与内容、平面区域划分、艺术风格、设计进度与图纸类型。

（三）收集、整理设计资料

在准备阶段，还需要完成设计资料和文件的整理。在网上、书籍中搜索与案例相似的优秀居住空间设计作品，最好能下载或是通过楼盘销售获得建筑平面图及内部空间的层高等基本资料。

二、现场调查

现场调查可以分为以下两个步骤：

（一）资料分析

把之前搜集的客户资料和楼盘居住空间的资料进行分类、整理，从资料中获取设计信息、设计理念、设计思路。

（二）场地实测

通过到现场对房屋结构的观察、细部的测量，得出具体、详细、行之有效的尺寸方案，方便后期 CAD 制图。

三、立意与表达

（一）方案与深化

在居住空间设计中，方案的制定和设计的深化是其重要步骤。古人云，意在笔先，胸有成竹。到了我们设计之中，就是在方案设计之初要有概念的形成。首先，通过对实地户型和建筑结构的初步探测，形成相应的设计理念和概念。其次，通过头脑风暴，形成初期的构架和设计的构思，在意识中把握建筑构件、材料构成、装饰手法、空间形式、构图法则、意境联想、流行趋势、艺术风格。最后，通过对项目环境、居住空间功能、使用材料、客户喜欢的风格进行综合分析后，做出空间总体艺术形象设计。

（二）整体与局部

有了前期方案的设计和深化，就可以开始整体的设计了。先把握大的设计方向，对设计的思路进行应用，对整体空间进行功能规划。然后分层次和步骤对空间的细部、节点进行设计。在对整体和局部的把握中，要分清设计的主要矛盾和次要矛盾，弄明白设计的整体风格和局部特点。

（三）构造与细节

在室内设计之初，就应该与建筑设计师进行良性沟通和互动，在装修上需要依附于建筑外部和内部结构。但是设计师要有自己的设计观念和对空间结构的整合、规划能力。

构造结构有门、窗、梁等构成的细节结构。整体界面的构造包括地面、墙面、顶棚在内的空间围合界面。过渡界面的构造指地面与墙体、墙面与天棚、墙面与墙面的转接细部。

细节设计主要是通过对空间主体构造要素细

部、整体界面要素细部，以及过渡界面的构造细部进行的设计。

四、设计语言的表达与方法

（一）步骤与表现

在室内居住空间的设计之中，步骤是非常重要的，如果弄错步骤会带来很大的工程损失，所以要按照科学、合理的步骤进行设计。

1.初步设计阶段

前期是草图设计。设计师要把与客户沟通之后的概念、审美意识通过理性分析转化为设计内容，并且落实到图纸上。其内容包括平面布置图、天棚图、主要立面图、渲染效果图。（图 2-4）

2.扩初设计阶段

扩初设计阶段的内容要与业主思维一致，在草图设计的基础上进一步做扩初设计，形成较为具体的内容、细部表现。这个阶段的图纸主要包括设计大样图，水、电、空调等配套设施设计和材料计划。（图 2-5）

3.施工图阶段

设计师在业主认同的扩初设计基础上，进行施工图的绘制。这个阶段的图纸主要包括硬装设计施工图和水电施工图两部分，要在图纸上标明制作方法、构造说明、详细尺寸、材料选用、技术处理等。

码 2-1 草图设计

图 2-4 渲染效果图

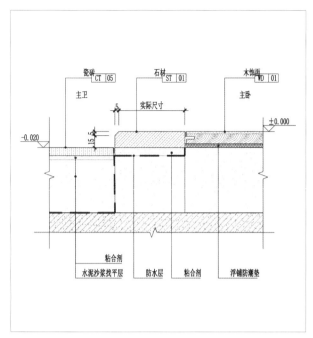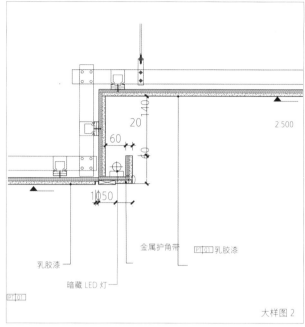

图 2-5 地面节点大样图

（二）常用效果图表现技法

居住空间设计的效果图表达主要通过手绘、CAD 制作和渲染达成。所以手绘技法、CAD 软件的熟练程度和效果图渲染软件的应用就尤为重要了。

1. 功能与平面

在居住空间中，首要解决的是功能划分和平面布局。这两个是居住空间设计的要点，直接表达出空间的布局、动线以及功能的需要度。功能划分和平面布局包括功能分区、交通流向、家具位置、陈设布置、设备安装等。

2. 立面与细节

立面的设计是设计师从二维到三维的转换，通过对立面的设计，把空间延伸出来，从而形成三维的空间。在确定三维空间之后，再进行细节绘制，把局部大样进行材料和接口的设计。

—

第三章

居住空间
功能分区设计

第一节 情景化设计分区——以北京石景山区五里坨下跃样板间概念方案为例

课时安排：4 课时

课时任务：了解居住空间设计的创意情景化设计分区。

学习目的、意义：通过学习本章节的知识，了解居住空间设计中的创意情景化设计分区。通过对北京石景山区五里坨下跃样板间概念方案的具体分析，了解情境化设计分区和设计方法。

要求掌握的知识：通过对合理的情境化分区的介绍和实际案例的深入分析，从优秀作品中获得设计思路。

课时内容：主要介绍居住空间设计的情景化设计分区和设计方法。

要点：居住空间设计的情境化设计分区包括私人生活区、公共生活区、工作生活区等功能分区。

情景化设计分区主要以人的日常生活情景为依据进行分区设计，一般分为私人生活区、公共生活区、工作生活区等。本章节主要以北京石景山区五里坨下跃样板间概念方案为例，对居住空间功能分区设计中的情景化设计分区进行分析解读。

项目概况

北京"远洋·五里春秋"项目坐落于北京市石景山区五里坨，为下跃式住宅样板间，地上一层，地下三层，以"光和玫瑰的秘境"为主题展开空间设计的情景化营造。设计师把光当作一种物质材料，把感知当作媒介，设计中通过光的叙事与玫瑰的交互，在空间中演绎光影四重奏的生活情境，让形体在光影的作用下得到挖掘。光与影的流动驱动空间光影的变化，四季变更，借光与影的交错打破空间关系以诠释新生，人与物、物与物、物与空间的交互，不断变化的媒介使人在空间中的感知得到升华，并以玫瑰、绿植为元素导入空间陈设，植物持续生长为空间注入活力素，焕发起地下空间的自然生命力。

一、私人生活区空间设计

私人生活区一般指构成主人及其家庭成员日常起居活动的生活区域，涵盖了家庭起居室或称家庭厅、主卧、主卫、衣帽间、书房、次卧、儿童房、老人房、卫生间，以及连接私人起居生活的过道转折空间等。

本案例中的私人生活区主要布置在地面一层，包括以主人生活空间为主的主卧、主卫、衣帽间、书房和以儿童生活空间为主的儿童房与卫生间，以及连通两个生活区的过道空间。（图 3-1）

2. 界面肌理分析

在界面肌理上，设计特色一：光影的诠释。主卧背景墙主要采用夹绢玻璃内装灯光及造型灯光膜，通过定制打造斑驳光影墙，与飘窗台上折射进来的线性光影形成呼应，与此同时，背景墙中另一侧与灰色的窗帘纹墙纸搭配，营造出一种推开窗帘遇见春光灿烂的景致。

设计特色二：极具美学构成的镜面陈设。界面上有三处用了镜面不锈钢。其一，书房陈列柜界面分别以两块明镜、一块茶镜在柜体上做组合，打破了界面原有的宁静，镜中画随着时间的光影、人物的游走而动，形成不断变幻的万花筒。同时，镜面体块的凸出凹入也与承板形成了错层叠落的空间关系。其二，飘窗垂直面下方运用原色镜面不锈钢材质，镜像的映射让原来笨重的飘窗台瞬间变得轻盈，也形成了空间虚实相映的视错觉之境。其三，主卫洗漱台立面运用几何美学的构成拼接，将明镜以陈列的方式做了有趣的搭配组合，用黑色拉丝不锈钢修边，并结合线性灯带强调造型。

3. 空间情景分析

在空间情景的营造上，用光之笔描摹最绚烂的生活场景和最自然的居家氛围，恰如万花筒那设计精妙的镜体结构和流动图案，人在其中感觉到光自外而入，沐浴在光里，生活回到自然中。(图3-2)

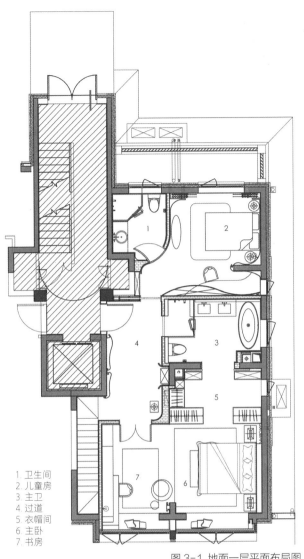

1. 卫生间
2. 儿童房
3. 主卫
4. 过道
5. 衣帽间
6. 主卧
7. 书房

图3-1 地面一层平面布局图

（一）主人生活空间

1. 平面布局分析

主人生活空间始于书房，以线性的书桌陈列柜连体形式展开，搭配可移动点状靠背椅，形成平面布局中点与线的搭配。90°转向后进入卧室空间，大体块方形床与小体块方形床头柜形成面与点的搭配，与窗边上线性的飘窗陈列柜台一起形成点、线、面的结合。衣帽间与主卧同轴陈列，成为主卧与主卫的回形过渡空间，主卫配置了卫浴四件套，淋浴区与沐浴区于洗漱台两侧分布。

（二）儿童生活空间

1. 平面布局分析

儿童生活空间以曲线的韵律展开，更加强调空间的欢快感，设计上区别于主人生活空间以直线为主的稳重感。进门左侧的卫生间曲面造型与右侧曲面陈列架形成呼应，曲线的律动打破了空间的沉静，同时也拓展了陈列架的面积，与书桌造型达到完美契合。

2. 界面肌理分析

在界面肌理上，曲面陈列架是空间设计的一大亮点，从地面垂直向上层层重瓣叠起，以白色烤漆板做造型，灰色墙纸压底，加线性灯带突出

图 3-2 主人生活空间情景图

造型。曲面造型延伸至顶，与天花曲面相呼应，再运用重力学灯具陈设将人的视线从曲线天花边界向床头区域延伸，玫瑰红点状造型很快从灰色墙纸背景中凸显出来成为视觉中心，与此同时，也与床上的靠枕及另一侧床头柜形成视觉呼应。空间中不同界面肌理在曲线韵律的牵引下呈现出点、线、面的完美结合。

3.空间情景分析

在情景营造上，玫瑰花瓣重叠得曲逸飘香，在空间中层层释放。自下而上诠释魅力，仿佛玫瑰生命绽放的热情，赋予儿童活动空间永恒的生机与活力。（图 3-3）

二、公共生活区空间设计

公共生活区一般指构成主人及其家庭成员开展日常交际活动的生活区域，涵盖了对内与家人之间的交流空间、就餐空间，对外宴请接待客人的会客空间、会餐空间、休闲空间等能提供公共活动的功能场所，以及连接日常交际活动的过道空间等。

本案例中的公共生活区主要布置在地下一层、地下二层，包括客厅、餐厅、中西厨房、书吧，以及连通公共活动的过道空间等。（图 3-4）

图 3-3 儿童生活空间情景图

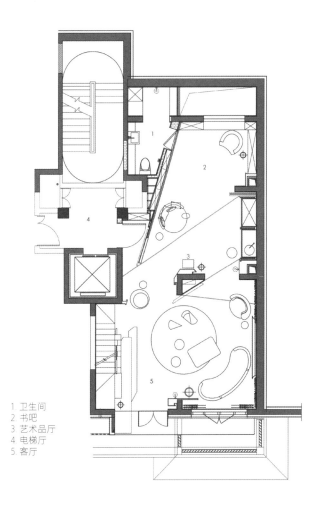

1 卫生间
2 书吧
3 艺术品厅
4 电梯厅
5 客厅

图 3-4 地下一层平面布局图

（一）会客空间

1. 平面布局分析

会客空间以曲线沙发为主体搭配高背椅，分别从水平面和垂直面作延展，中间配置方形与不规则切割面结合的玫瑰茶几，并散点分布了具有几何构成的点状小座椅来点缀，最后以地面上的圆形玫瑰花丛地毯将所有陈设结合起来，将分散的家具融为一个整体形成会客空间。

2. 界面肌理分析

在界面肌理上，会客空间三面靠墙，另一面与书吧结合形成一个极具仪式感的过渡空间，以一扇几何切面门开启通往两个空间的黑色之门，选用深灰色木饰面与黑色镜面不锈钢材料强调门洞的重要性，同时也是对两个空间的界定。其对立面用不规则的镜面不锈钢造型与门洞呼应，衔接天花板的不规则镜面，映射出天地间的万花百态。与楼梯相连的界面，运用像素肌理与几何线性结合，形成界面的不规则造型。对立面的灰色窗帘纹墙纸与大镜面框结合，营造出空间虚实的视错觉造景。

3. 空间情景分析

从阳光、空气和山风中撷取吉光片羽，将都市未来的镜像与山河春秋的沉积，一并倾注于层叠之间，令空间纵深出最绚烂的自然韵律与光泽，镜像出盛世春秋下的城市万花筒。茶几中会生长的玫瑰慢慢地抽出枝条，长出了嫩绿的叶子，空间里面弥漫着玫瑰的味道，透过阳光眯眼看着一道道的光影，影影绰绰。（图 3-5）

图 3-5 会客空间情景图

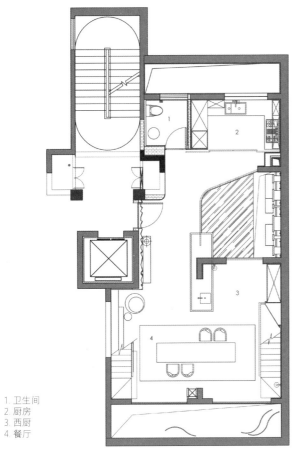

1. 卫生间
2. 厨房
3. 西厨
4. 餐厅

图 3-6 地下二层平面布局图

（二）会餐空间

1. 平面布局分析

会餐空间的布局主要以西厨结合餐厅为主进行布局，其中会餐区域为长方形的西式餐桌，配置可移动餐椅，用地毯陈设将会餐区进行强调。在平面构成形态中，西餐桌与西餐台体块接近，角度上成 90° 抽离式契合，与中空花园形成对景。（图 3-6）

2. 界面肌理分析

界面肌理设计则侧重于中空花园背景墙的打造，运用"光"在空间中的律动来营造亲近大自然的用餐氛围。中空花园背景墙正中间界面，一侧以 U 型钢化玻璃形成界面成像的错层关系，营造丰富的光影层次与虚实影像，另一侧以密林风景画做陈设。中空花园背景墙侧面则以立体彩色造型片结合灯光陈设营造富于变化的光影。

3. 空间情景分析

光的游走带来如棱镜般的光芒，片与片的分色玻璃之间，产生不同的反射形态。对抗与冲突在其中绽放，透明度极高的迷幻彩色散发出玻璃糖纸般的甜蜜。冷与暖、明与暗也来做光的帮手，深深浅浅交织出斑斓的世间光景，仿如超现实的多维空间，又似万花筒般的奇幻。（图 3-7、图3-8）

三、工作生活区空间设计

工作生活区一般指构成主人日常工作活动的生活区域，主要用于主人对内对外办公、洽谈业务，涵盖了与业务相关的工作空间、接待空间、交流空间、展示空间等一些功能场地。（图 3-9）

本案例中的工作生活区主要布置在地下三层，包括以主人办公为主的工作间、以文化展示为主的艺术品陈设区及以交流接待为主的品酒区。（图 3-10）

（一）工作空间

1. 平面布局分析

工作空间主要以长方形的工作台为主体，搭配点状玫瑰靠背椅，与墙上线性陈列架组合而成，以长方形的红色水墨地毯对工作区进行强调来突出领域感。在周围及角落摆放艺术品达到空间陈设的目的，进一步提升空间的文化底蕴。

2. 界面肌理分析

界面肌理设计主要以结构玻璃水景顶面营造空间中的水光流动的意境，让工作空间充满生机。

图 3-7 会餐空间情景图

图 3-8 会餐空间情景图

图 3-9 工作生活区

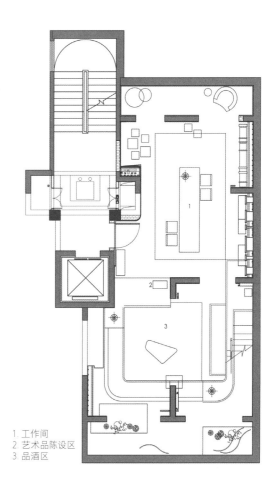

1. 工作间
2. 艺术品陈设区
3. 品酒区

图 3-10 地下三层平面布局图

光影的流动自上而下,从顶部延伸至垂直面上不规则的展示架,到达地面与水墨地毯结合形成持续变幻的空间序列感;材质上则由地面的厚重到垂直面的通透,再到顶面的轻盈,形成持续变更空间的节奏感。

3. 空间情景分析

云影徘徊、水墨晕染、柔光洒落,一段有关艺术的时光随微风潜入,随水光波动,只闻林间鸟语、午后蛙声,光影将灵感遁入时空之外。(图3-11至图3-13)

(二)接待空间

1. 平面布局分析

接待空间以软质和硬质结合的形式构成围合式的交流布局。中间以不规则造型结合会生长的玫瑰茶几形成视觉焦点,与设计主题相呼应。柱体延伸出来的红色方形体块既有茶几的功能,又与红色玫瑰相衬托。

图 3-11 工作空间情景图

图 3-12 工作空间情景图

图 3-13 工作空间情景图

图 3-14 品酒区情景图

2.界面肌理分析

界面肌理上，在空间顶面以菱形体块切面结合白色透明灯模营造出贴近自然的仿真光源，与地面绽放的玫瑰花丛茶几和地毯配合，再加上界面的绿植组合，不仅解决了地下室采光问题，还让空间焕发出了生命的气息。

3.空间情景分析

漫步于空间，每一步皆是光的乐章，光膜与玻璃巧妙配合，动与静彼此呼应。头顶的微影波动仿佛水光天色，地面的玫瑰花丛绽放正盛，身后是一片热带丛林，自万花丛中穿越镜花水月。（图3-14、图 3-15）

图 3-15 品酒区情景图

四、设计训练

选取独立式住宅为设计载体,对私人生活区、公共生活区、工作生活区等情景化分区进行设计探讨,并从平面布局、界面肌理、空间情景营造等方面切入进行方案设计。

(一)私人生活区设计训练

功能要求:包括家庭起居室或称家庭厅,主卧、主卫、衣帽间、书房、次卧、儿童房、老人房、卫生间,以及连接私人起居生活的过道转折空间等私人生活区。

设计要求:以平面布局、界面肌理、空间情景营造等方面为切入点进行方案设计。

(二)公共生活区设计训练

功能要求:构成主人及其家庭成员开展日常交际活动的生活区域,包括对内与家人之间的交流空间、就餐空间,对外宴请接待客人的会客空间、会餐空间、休闲空间等能提供公共活动的功能场所,以及连接日常交际活动的过道空间等公共生活区。

设计要求:以平面布局、界面肌理、空间情景营造等方面为切入点进行方案设计。

(三)工作生活区设计训练

功能要求:构成主人日常工作活动的生活区域,主要用于主人对内对外办公、洽谈业务,涵盖了与业务相关的工作空间、接待空间、交流空间、展示空间等一些功能场地。

设计要求:以平面布局、界面肌理、空间情景营造等方面为切入点进行方案设计。

五、学生作品成果(图 3-16 至图 3-18)

此作品题名为《意式休闲》,作者是海涌小组,主要通过对室内空间功能的划分设计出公共生活区空间、私人生活区空间、工作生活区空间的不同区域,将情境化设计的功能区分方式应用到设计案例之中,从而形成与空间结合的功能化设计。

码 3-1 《意式休闲》平面设计图

图 3-16 公共生活区空间设计

图 3-17 私人生活区空间设计

图 3-18 工作生活区空间设计

第二节 故事化设计分区——以观巢酒店设计方案为例

课时安排：4 课时

课时任务：了解居住空间的创意故事化设计分区。

学习目的、意义：通过学习本章节的知识，了解居住空间设计中的创意故事化设计分区，在对观巢酒店设计方案的具体分析中，了解故事化设计分区和设计方法。

要求掌握的知识：通过对合理的故事化分区的介绍和实际案例的应用，将观巢酒店设计方案进行深入分析，从优秀作品中获得设计思路。

课时内容：主要介绍居住空间的故事化设计分区和设计方法。

要点：居住空间的故事化设计分区分为入口、大堂、走廊、酒吧、客房、阳台、卫生间等，以故事化的介绍方式进行设计。

每一个方案设计都是有灵魂的，在对居住空间进行方案设计的时候，设计师就像讲一段故事一样。从门厅到走廊，从玄关到休闲场所酒吧，再到客房，这一系列的场所连续起来就是一个时间、空间转移的情绪化的故事。本章节以观巢酒店的设计方案为例，代入情境化的方案模式，给大家讲一个美丽的居住空间的故事。

项目概况

观巢酒店坐落于沈阳市于洪区繁华的闹市之中。素色的外墙，具有安静、不张扬的气质。轻松地将"巢"即鸟之家的文化融入酒店文化之中。观巢酒店以清雅脱俗的契机将自己隐藏在喧嚣的城市之中，迎接旅途中人们的"倦鸟归巢"。

观巢酒店是一家体验式的酒店。设计师李彦辉先生将"巢"的概念幻化成元素符号，通过讲述一段美丽的故事，把"巢"文化链接到入口、大堂、走廊、酒吧、客房、阳台、卫生间等区域空间之中，这就像一个集合"巢""爱"和"家"的美丽故事。

一、入口

门厅是居住空间装饰的前序，门厅对设计师来说充满了挑战。外立面采用淡雅的素色墙色，宁静、淡雅、静谧、不张扬。（图 3-19）

酒店的入口彰显了自然光影与空间的艺术逻辑，表现在入口的透光玻璃砖墙，晶莹润泽，光影翻跹，像是故事的开头，开门见山地突出了一段与"巢""爱""家"有关的故事。阳光透过玻璃砖墙，在室内空间中形成斑驳、闪烁的光影效果，宛如一个流动的、晶莹剔透的发光体。

码 3-2 平面图

图 3-19 外立面

图 3-20 主入口

　　在室内空间设计中门厅是第一印象，也是过渡空间，还是室内空间的咽喉要道。本案例的门厅设置在酒店的重要位置上，处于酒店的入口咽喉位置。门厅以深色为主调，更显沉稳庄重。门厅的整体风格采用玻璃与重金属的构造法，在局部结构上采用灯光照明法，整体光线与空间感得以提升。（图 3-20）

二、大堂

设计一定要开好头，酒店大堂可以用叙事的方式来进行开端和延展性的设计。酒店大堂的设计是时间与空间的变奏曲，通过时间、空间的转换进行流程设计。从走进酒店的大堂开始，一步一步来设计。把故事意味融入意境之中，在时间和空间的转换中进行变化和延展；把光线融入设计之中，使光的设计无处不在，将难以驾驭的光线作为设计优势，从而产生大堂的设计节奏。设计师是故事的讲述者，提笔设计，渐入佳境，构想出空间的动态视觉构架；通过故事的情怀影响自己和使用者，把光影、场景、装饰作为手段，对空间进行组织重构。（图3-21）

图 3-21 大堂

图 3-22 走廊

三、走廊

走廊贯通各个空间，是沟通各个居室的枢纽和通道。墙面则适当展示凝重、干净的文化艺术品位，丰富空间内涵，让空间在自然的光影变化下更显生动。走廊连接客房与大厅，将整个空间串联起来成为整体，强化空间一体感，有助于提升游客对"巢""家"文化体验的完整性感受。（图 3-22）

四、酒吧

　　酒吧是把斑驳的光影和重金属的设计理念融入环境之中。软装上陈设了几瓶烈酒，将空间变为流程设计中的一段突出点，也是整个故事设计的情节高潮。在设计手法上，将光影隐隐约约地利用起来，把重金属的光点高潮突出出来了。（图3-23、图3-24）

五、客房

　　客房是"巢"故事的主角，在酒店的设计之中上演着重头戏。通过客房，人们可以感知与触摸生活的温度。客房的设计布局极简大方，室内红色元素自成一体，金属与玻璃肌理材质的幻化，形成一股氤氲曼妙的气息，充满家的温馨。（图3-25）

图 3-23 酒吧

图 3-24 酒吧

图 3-25 客房

六、阳台

阳台从设计者的角度来看，藏着设计师的内心感受，把阳台设计出闲适、隐形的感觉。在角落的触觉之中，是宏观设计的故事一角，用这个角落表达出"采菊东篱下，悠然见南山"的情怀。空间中通过体现光线、雨后彩虹、咖啡杯的惬意，好似在慢时光中拂去世俗的喧闹，让人们能够停下脚步，活在当下、享受当下，烘托出居住空间的意义，即"居住的目的是家的和谐"，承载了使用者的目的并为使用者提供了一个温暖与惬意的空间。（图 3-26）

七、卫生间

通过黄昏的光带折射出的圆形对称的光学效果，以及空间材质肌理的漫射，设计出"家"的温馨和形似"巢"的效果。将空间软化，推陈出新的设计意境。

通过"倦鸟归巢，人约黄昏后"的意境，把空间中的时空进行转换，从而形成故事情节的转换。在进行空间转换设计的时候，需要倾注情怀与个性，把要表达的空间以故事形态的方式表达出来。（图 3-27）

八、设计训练

门厅、走廊、楼梯、会议室、书吧、客房，要求以故事化的设计方式对以上空间进行合理的设计。在时间与空间顺序的方向上把入户门厅设计成休息空间，用合理的方式进行讲述，将序幕、高潮、结尾讲述给每一位居住空间的使用者。

图 3-26 阳台

图 3-27 卫生间

码 3-3 《天空之城》
大堂平面布置图

九、学生作品成果展示（图 3-28 至图 3-32 ）

此作品题名为《天空之城》，作者是钟少烽小组，将门厅作为设计讲述的开端，客房作为设计的高潮，玄关与走廊作为设计的延续，形成空间的衔接点，从而形成故事化设计的空间讲述方式。

图 3-28 门厅

图 3-29 书吧

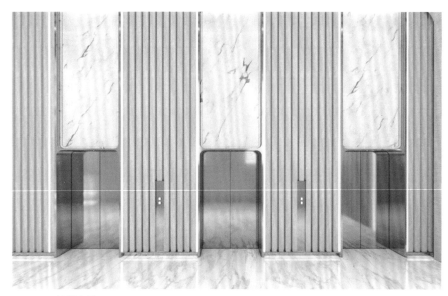

图 3-30 楼梯玄关

图 3-31 走廊

图 3-32 客房

CHAPTER 4

一

第四章

居住空间分类及
设计方案讲解

第一节 我国居住空间分类与要点讲解

课时安排：2 课时

课时任务：了解我国居住空间的分类与要点。

学习目的、意义：通过学习本章节的知识，了解居住空间中的花园洋房类住宅、公寓式住宅、叠拼住宅、平墅户型住宅、小户型住宅。

要求掌握的知识：通过对不同类型的居住空间设计方案进行深入分析，从优秀作品中获得设计思路。

课时内容：主要介绍居住空间中的花园洋房类住宅、公寓式住宅、叠拼住宅、平墅户型住宅、小户型住宅等住宅类型。

要点：居住空间中的花园洋房类住宅、公寓式住宅、叠拼住宅、平墅户型住宅、小户型住宅。

一、花园洋房类住宅

（一）概念

市面上的花园洋房之间本身差距非常大，一般有狭义和广义之分。狭义的"花园洋房"就是花园别墅，也就是通常所说的花园式住宅、西式洋房、小洋楼，带有花园草坪和车库的独院式平房或二、三层小楼。广义花园洋房的容积率比狭义的要高，但也同属低密度住宅，户型和普通住宅户型相仿，有 100 m^2 以内的平层住宅，也有近 200 m^2 的复式住宅，基本位于郊区，是住宅郊区化的产物。

（二）特点

花园洋房的容积率相对较低，一般在 1.0—2.0 之间，私密性较好。花园洋房的户型一般不会出现阳台对阳台、窗户对窗户的情况。花园洋房楼层少，方便上下楼，特别是对于腿脚不方便的老人和家里有小孩的家庭，花园洋房是一个比较合适的住宅。

二、公寓式住宅

（一）概念

公寓式住宅是相对于独院独户的西式别墅住宅而言的。公寓是商业地产投资中最为广泛的一种地产形式，而公寓式住宅是集合了公寓与普通住宅二者各自特点的一种新型房地产术语。公寓式住宅一般建在大城市，大多数是高层，标准较高，每一层内有若干单户独用的套房，包括卧室、起居室、客厅、浴室、厕所、厨房、阳台等，供一些常常往来的中外客商及其家眷中短期租用。

（二）特点

公寓设计凸显个性化。其面积较小，主户型通常为 90 m² 以下；大多位于市中心、商圈周边，交通便利；按照酒店标准设计，体现个性化。

公寓式住宅多为低密度住宅，绿化率较高，具有低居住密度和良好的通透性。

三、叠拼住宅

（一）概念

叠拼住宅基于联排别墅建筑形式发展而来，多层复式住宅叠加，上下组合形成，上层住户一般含屋顶花园，下层住户一般含室外花园，这种建筑形式通常为四层带阁楼建筑。

（二）特点

叠拼住宅属于经济型别墅，与联排别墅相比，立面造型丰富多样，进深相对较大。

四、平墅户型住宅

（一）概念

"平墅"又称大平层，通过优化设计来创造不同的空间尺度，旨在提高居住者的居住舒适度。平墅户型住宅从空间上把别墅和大平层的优势相结合，规避别墅上下楼层保持不变和普通公寓隐私性较差等传统性缺点。居住者可以同时感受别墅空间和舒适型大平层空间。

（二）特点

平墅户型虽然在建筑立面上没有隔层，但是在功能设计布局上，各类功能齐全，甚至游泳池与花园都能实现。

平墅空间处于同一层，相对开阔，增加了家庭活动的舒适度。

五、小户型住宅

（一）概念

目前我们国家还没有对小户型住宅进行明确界定，市面上三居室面积多在 100 m² 左右，两居室面积多在 80 m² 左右，一居室面积多在 60 m² 以下，小户型住宅面积一般在 30 m² 上下浮动，所以一般情况下总面积小于市场主流户型面积的住宅，我们都称之为小户型住宅。

（二）特点

1. 实用性强。第一，满足正常的生活需求，比如洗漱、睡觉、吃饭等最低标准，如果低于此要求，在居住质量上会大大降低使用感。第二，科学布局空间。对小户型来说，实用价值是非常重要的，各空间的使用应该减小阻碍性。

2. 美学原则。美学原则是居住空间设计的重要方面，对于居住者来说，性价比是经济的居住体验。小户型的美感要求设计师在设计的过程中要根据个体差异性来表达空间的美学。

第二节 花园洋房类住宅——以本间贵史设计的 90 m² 居住空间为例

课时安排：4 课时

课时任务：了解花园洋房类住宅居住空间设计的要点。

学习目的、意义：通过学习本章节的知识，了解居住空间设计中的花园洋房类住宅，在本间贵史设计的 90 m² 居住空间设计方案中学习设计师的设计方法。

要求掌握的知识：通过对本间贵史设计的 90 m² 居住空间设计方案进行深入分析，从优秀作品中获得设计思路。

课时内容：主要介绍居住空间中的花园洋房类住宅、通过对设计师的设计作品分析，讲解如何进行设计。

要点：居住空间中的花园洋房类住宅。

一、项目背景

日本建筑大师本间贵史设计的该项目是北京"远洋·五里春秋"项目中的一例居住空间。

案例基本信息：90 m² 三室两厅两卫的样板间，南北通透，通风、采光便利；主卧与客厅在南向，两个次卧在北向；两个卫生间均为明卫，保证通风透气，客卫干湿分离；厨房是 U 型设计。

设计师信息：本间贵史先生，日本一级建筑师。本间贵史先生早年参加日本节目《全能住宅改造王》，被称为"安居空间的追求者"，他在参与录制中国的《梦想改造家》节目时，被中国观众称为"神之手"。

（一）受众分析

该案例受众为 6 口人居住的家庭，夫妻、两个孩子以及双方父母，其中双方父母为临时居住。

在前期了解业主需求的过程中，设计师可以了解到业主喜欢的风格或主题定位。通常来说，样板房以实现梦想、表达美为主，而业主更注重实用性和功能性。

（二）使用诉求

业主提出的要求及对应解决办法，如表 1 所示。

（三）设计定位

一方面要配合业主的情感寄托，另一方面要考虑业主的使用需求和生活习惯，经过交流与磨合后打造出一个舒适、宜居、多功能的空间。

表1

业主诉求	解决办法
家里有孩子，夫妻俩都要上班，需要老人帮忙照看……	三居室
早上起来卫生间使用高峰期，排队使用太难受……	双卫
年轻小夫妻还是希望和同住的老人保持一定的距离，卫生间能分开使用最好……	主卫套入主卧
厨房储物空间有限，也转不开身……	U型厨房
厨房里的单开门冰箱，连孩子吃的都放不下……	多门冰箱
每次买买买都要想想放不放得下，鞋包都得塞到床下……	整体收纳

二、设计理念

（一）绿色生态理念

1. 合理智能技术

使用全屋智能，如卫生间的智能马桶、温控灯光；减少能耗和提高各类资源的利用，如自动感应系统；利用生态美学理论，让居住者体会自然生态的空间，如家具使用木料材质的，后期材料的处理上避免破坏木材质自身的温润手感和颜色。（图4-1）

全屋智能家居设备包括照明、传感器、环境与温度、遮阳、终端控制、安防、影音7个种类。（图4-2）

2. 节约和循环利用

在设计与改造的过程中，本间贵史先生及团队使用的都是儿童级环保建材，降低对环境的影响，之后也可以进行二次回收循环利用，避免出现二次污染。尤其是儿童房的改造，使用的各类建材及涂料、油漆都是儿童类别专用材料。（图4-3）

图4-1 智能卫生间

智能家居解决方案系统图

图 4-2 智能家居解决方案系统图

码 4-1 收纳系统

图 4-3 儿童房间改造

（二）收纳

1.化零为整

随着社会的发展，人们对客厅的理解更加多样化，根据业主需求对餐客厅进行更加多样化的改造。对厨房有一定需求的业主可以考虑双厨的设计，同时减少空间浪费，进行折叠空间的利用。

2.与功能相结合

设计时要与功能相结合，如玄关在使用功能上，可以用来作为简单地接待客人、接收邮件、换衣、换鞋、搁包的地方，也可以设置放钥匙等小物品的平台。

3.对储藏空间进行细致规划

设计时要提供整体解决方案，创造安心舒适的现代厨房生活。各种橱柜功能件的使用，使得厨房收纳性、功能性更强。

4.特殊空间的人性化设计

卫生间的无障碍设计，浴室的可收纳坐凳、扶手等设计，以及儿童房各类转角的圆角设计，避免儿童在生活过程中磕碰受伤，都属于人性化设计。

三、设计思路

（一）可变化性

1.精细化设计

通过对门厅的精细化设计突出高效的动线空间，把门厅、餐厅、卫生间联系起来，形成可变化性的空间结构。（图4-4）

2.高效性交通动线

入口玄关（门厅）—餐厨—起居厅—私密空间（卧室、卫生间），整个空间流线一目了然，能最大限度地提高使用度，节约时间成本。（图4-5）

（二）多功能性

1.空间灵活性

用餐区域将设有阻碍的餐厅墙改为开放式用餐区，增添了空间的视觉延伸性，优化了整体空间比例，效果更好。同时，开放式餐厅增添了家人的互动性，使得餐厅采光性更好。（图4-6）

图4-4 总平面图

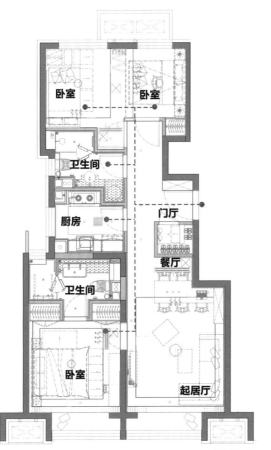

图4-5 动线流动图

图4-6 空间划分图

2. 充分利用低效空间

将家具与收纳靠近墙体，最大化地分割出公共空间，从而获得更多的交流、活动空间。客厅无界限活动区、收纳式餐桌等设计节约了空间，既安全又安静。（图 4-7）

（三）隐私性

公私分区是隐私性设计中重要的一个环节，主要表现在以下几个方面：

（1）入口玄关的遮挡，减少了进门一览无余的可能性；

（2）卧室位置比较集中，处于整个空间靠里的位置；

（3）公私分区之间可以用隔断或是柜体遮挡以增强私密性，门洞开启位置也要考虑隐私性；

（4）减少空间与空间之间的交叉性。

客餐厅中间的位置用中式木格栅进行隔断，增强了空间的隐私性。（图 4-8）

图 4-7 空间划分图

图 4-8 客厅空间隐私划分图

图 4-9 书房声音传播图

四、设计要素

（一）声音

科学研究表明，室内装修在听觉上也对居住者产生较大影响，尤其是临街居住建筑，受到车流、人流等噪音的影响，极大地影响了居住舒适度。本案例中的门窗都用到了隔音门窗，墙体也都利用了隔音材料，并做了隔音处理，保证大人和儿童的居住舒适度，提升幸福指数。因此，在设计要素中声音的处理也是非常重要的一个环节。（图 4-9）

（二）光

在本间贵史先生的设计中让光参与设计，我们能够看到自然光在居住空间中的多姿多彩，丰富了整体空间。人们热爱大自然的美景，设计师通常将阳光以直射、反射等形式参与设计，来消除室内的黑暗感及封闭感，顶光及柔和的散射光能够提升居住品质，给予居住者不同感受。所以在此过程中，室内空间的各种光影效果也是非常值得设计师花费时间和精力去设计与实践的。（图 4-10）

图 4-10 客厅光线散布图

（三）色彩

色彩在视觉感官上是最容易留下记忆的，不同的色彩带来不同的心理感受，那么合理地运用色彩也是室内设计非常重要的一环。该案例整体色调以灰色、原木色为主，简洁大方，既符合各功能的要求，又在各类光照的变换下有了亮丽的效果。

该案例最直观的颜色可以分为以下三类：

（1）地面（地砖、木地板）颜色为重色，以增强整体空间的平衡感；

（2）橱柜及各空间收纳柜体木饰面的白色和原木色为中间色，呼应地面的重色和墙面的白色，起到稳定视觉感的作用；

（3）天花面、墙面、部分家居为浅色（白色、灰色），在重色、中间色的对应下减弱存在感，而且在与其他颜色的搭配上浅色是一种百搭的颜色。

（四）人体尺寸和空间尺度要素

了解业主的相关尺寸信息后，根据实际房屋的尺寸大小来计算，与工厂合作定制相关家具。

空间尺度也应根据实际房屋情况来设置，比如该案例中厨房流理台设置在天然气灶和水槽四周，尺寸不小于 60 cm×60 cm，根据下厨的流程来设置整个流线，进入厨房—择菜洗菜—切菜—烹饪—成品等一系列流程，相对应的是收纳置物架或冰箱—洗菜池—流理台—天然气灶（微波炉、烤箱等电器）—流理台，形成完整的流线。此外，该案例中安装了自动洗碗洗菜机，如今越来越多的智能电器走进居民厨房。（图4-11）

无论室内空间方案如何变换，空间尺度始终是围绕人体工程学来设计的，在业主使用方便的前提下提高空间使用效率。

（五）材质要素

材质，即材料（物体）的质地，或者可以说是材料和质感的结合。该案例中运用了各种不同的材质，比如木材、石材、金属、玻璃、塑料等。

木材属于自然材料，其本身具有独特的温和力，且色泽柔和。该案例中用到的原木色家具淳朴、自然，拥有独一无二的纹理和触感，但制作工艺不同也能带来不同的视触觉感受；木材自带的暖色系在自然光的照射下非常柔美，具有亲切感，同时可以减弱墙与地面带来的硬质空间感。

五、设计原则

（一）美学原则

1. 比例与尺度

比例是物物之间表明各种相对面间的度量关

图4-11 厨房人机交互尺寸

系，在美学中，黄金分割比例是最经典的一种。尺度是物与人（或其他易识别的不变要素）之间的对比，不需涉及具体尺寸，完全凭感觉上的印象来把握。比例是理性、具体且标准的，可尺度却是感性的、抽象的。

空间中需要加入体积感强调物品，平衡空间。该案例中客厅空间方正，选择了一个经典造型的灰色沙发，同时通过飘窗与沙发围合营造居家氛围，呼应了方正的空间形式。（图4-12）

2. 对称与平衡

对称是指以某一点为轴心，求得上下、左右的均衡。该美学原则在某些程度上体现了我国古代文化中的中庸之道，因此，我国古典建筑经常运用该原则。在居室装饰中人们往往在基本对称的基础上进行变化，造成局部不对称或对比，这也是一种审美原则。还有一种方法是打破对称或缩小对称在室内装饰的应用范围，使之产生一种有变化的对称美。

该案例客厅沙发和金色吊灯的体积感及视觉冲击力强烈，其位置的选择平衡了空间，且让空间活跃起来。

3. 统一与对比

统一与对比同样是构成美的形式，运用在居室设计的方方面面，比如应用于设计光线的明暗、不同材质、冷色系与暖色系、传统与现代等。在这种美学原则的指导下，根据业主的喜好设计多层次、多样式变化的家居风格。在统一与对比的原则中，调和是一种有效的缓和与融合手段。

在该案例儿童娱乐的一角，墙壁的展示置物架和坐凳桌椅在形状、材质、颜色方面做到了统一，且与整个方正的空间形成对比，自带趣味，增加了儿童的好奇心。（图4-13）

4. 节奏与韵律

节奏与韵律是密不可分的统一体，是美感的共同语言，是创作和感受的关键。人们说"建筑是凝固的音乐"，就是因为它们都是通过节奏与韵律形成美的感染力。成功的建筑总是以明确动人的节奏和韵律将无声的实体变为生动的语言和音乐，因而名扬于世。

在整体软装中虽然可以采用不同的节奏和韵律，但同一个房间切忌使用两种以上的节奏，那会让人无所适从、心烦意乱。（图4-14）

图 4-12 客厅空间

图 4-13 儿童娱乐一角

图 4-14 房间软装

（二）功能性原则

1.实用性原则

实用性原则在居住空间设计中是一切原则的基础，只有在满足业主各种实用性功能需求的条件下，才能实现其他美的方式。因此，居住空间设计必须切实可行，且要求施工方便、易于操作。

码 **4-2** 收纳功能尺寸

2.尺度性原则

人体尺寸是决定居住空间环境中各类设施、空间尺度的关键。

（1）人体结构尺寸（静态尺寸），是在人体静止时测量的，如身高、手臂长度。

（2）人体功能尺寸（动态尺寸），是人在某种功能活动时肢体所能达到的空间范围。

功能尺寸的用途较为广泛，在空间中，人体运动是常态，因此在居住空间设计时要同时考虑人体结构静态尺寸和动态尺寸。此外，业主的年龄、活动便利度以及健康与否都是设计师所需要重点参考的尺度，这样才能设计出适合业主的使用空间尺寸。

3.规范性原则

国家出台了一系列相关房屋建筑规范，设计师在做居住空间设计时，首先要遵循各类设计施工规范，尤其是结构性设计，比如地面、墙体、顶棚结构的强度和刚度有很高的要求，其承重结构、各类管道、建筑外立面等都需要严格遵循规范；其次需要满足计算要求，特别是结构之间的连接节点要更安全、更稳定。

4.舒适性原则

舒适性原则也是功能性原则之一，居住环境、空气、生活空间和光照等都是构成居住空间舒适性的要素，在精神上给业主以享受感。

六、图纸分析

（一）总体布局

码 4-3 总平面图

1.平面布置

在该案例中，本间贵史先生将客厅划分为两部分空间：起居厅和餐厅（包括门厅）。客厅空间完整周正，疏朗开阔，利用飘窗的空间均衡布置，疏落有致。餐厅空间为长方体，可加长的餐桌增加了使用的便利性，L型围护墙体布置橱柜等柜体。门厅除了外置鞋柜外，还新增了衣帽间，增加收纳空间的同时避免进门一览无余。

卫生间干湿分离，整体色彩感觉舒适，中间色同浅色对比强烈。地面选用防滑砖，卫浴设施全为白色。（图 4-15）

图 4-15 卫生间

图 4-16 空间立面图

码 4-4 功能流线图

2.立面布置

立面布置是该方案设计的重点之一，本间贵史先生在立面的处理上以功能为主，比如竖向布置的各类收纳立柜，儿童房内的立面特殊收纳或展示造型。主卧背景墙的硬包竖向分缝与横向装饰画形成对比，木饰面的自然纹理为主卧空间增添了趣味性。（图 4-16）

3.天花布置

天花布置在功能性基础（新风系统、各类管线）上设计造型，精准把握尺度，包边厚度，对设计师及施工队都是不小的挑战。

该案例儿童房顶部的异形灯具增加了趣味性和欣赏性；客厅天花布置空间限定划分处周边点缀点状光源，丰富层次的同时解决了打光处的收口。

4.地坪布置

地面铺装图包括如下几个要点：

（1）地面饰面材质的填充图案；

（2）地面饰面材料的完成面标高、起铺点；

（3）找坡线；

（4）固定家具（到地家具）；

（5）材料标注，填充图例；

（6）大样图索引，图名图号。

该案例中除了卫浴和厨房，其他空间地面使用的都是木地板满铺。

（二）功能流线分析

1.动静功能设计分区

一般情况下，我们将卧室、卫生间、书房等空间归为静区，起居厅、厨房、阳台等空间归为动区。该案例动静功能分区较为明显，通过室内通道保证视觉的空间感。

2.起居流线

公共空间、功能空间和私密空间在起居流线、区域的划分下分离，加上面积限定，形成主卧、儿童房朝阳和书房临西的格局。空间流线清晰地表现出客人起居流线、活动流线、家务流线的区分。

家庭活动区作为家的核心，含起居厅、餐厅、阳台、厨房（西式与中式厨房）。本间贵史先生在该方案设计的过程中确保这些功能空间联系顺畅，动线起承转合，且具有空间趣味。

3.家务流线

家务区包括洗晒区和厨房等。该功能区注重效率，动线精短直接，避免与其他功能区产生干扰。

图 4-17 窗户细节

主要来源，即便可以借助人为灯光，但是在设计中也要尽可能地利用自然光照明。该案例中各空间都保证了自然光的采用，提升光影效果。

（2）安全。该案例中选用的是三层防噪钢化玻璃，具有保温、安全的效果，考虑北京冬季风力较大，因此玻璃厚度选择了6 mm。（图4-17）

2.柜体

衣柜的主要特点是收纳衣物，便利寻找。

长挂衣区：通过长条衣杆将部分衣物收纳挂至竖向空间；矮挂衣区：根据衣物的不同类型，安排不同高度、宽窄空间。此外，还可利用柜门侧面空间，增加收纳面积。

门厅衣帽间：将挂衣区和鞋柜结合成一个单独空间，增加收纳面积，方便寻找。（图4-18）

3.纹理图案

该案例儿童房的灯具使用的是不规则图形，墙面绘制墙画，竖向书架做了特殊造型，增加趣味感。

4.包边

家具包边是一种极为细节的做法，主要是收口。满足收口的同时也丰富了细节，主要表现在柜体、部分造型底部等。

4.客人流线

业主的访客需求是双方亲朋好友。该案例中设置了门厅和衣帽间，避免客人一进门一览无余，保护家人的隐私。此外，在设置空间时，将起居厅与餐厅相结合，避免客人动线与私密空间冲突。

（三）细部装修

1.窗

（1）光源。门窗的采光设计是室内光线的

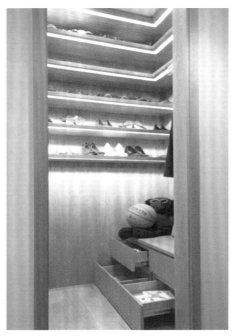

图 4-18 柜体设计

第三节 公寓式住宅——以五里春秋 loft 公寓样板间为例

课时安排：4 课时

课时任务：了解我国公寓式住宅设计要点。

学习目的、意义：通过学习本章节的知识，了解居住空间设计中的公寓式住宅，通过思考五里春秋 loft 公寓样板间的方案，得出我们自己的设计理念和设计方法。

要求掌握的知识：通过对 loft 公寓式的居住空间设计方案进行深入分析，从优秀作品中获得设计思路。

课时内容：主要讲述公寓式住宅的设计方式，如何结合审美与功能进行设计。

要点：居住空间中的公寓式住宅。

一、项目背景

该项目为远洋集团开发的"远洋·五里春秋"loft 公寓中的样板房案例，地处北京石景山，森林与人文资源丰富，自然生态，地铁 6 号线杨庄站周边，商业、医疗资源齐全。

案例基本信息：32 m²loft 公寓样板间，南北通透，通风、采光便利；卧室在二楼；卫生间处于一楼，保证通风透气，干湿分离；简厨是 I 型设计。（图 4-19）

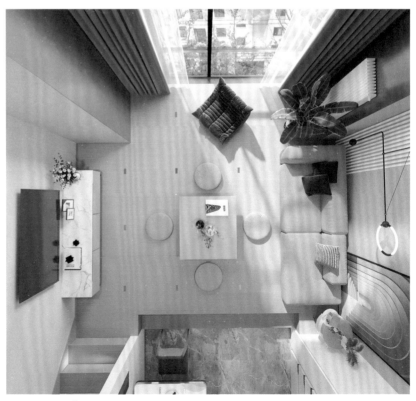

码 **4-5** 公寓一层平面图

图 4-19 32 m² loft 公寓样板间俯视图

（一）受众分析

虚拟目标人群定位：年龄 20+，非京籍，创意公司职员，独居。

（二）使用诉求

根据虚拟目标人群的特点，关注自我，初入职场，勇于探索。日常生活丰富，热爱美妆及穿搭，喜欢追剧、音乐演出等活动。

（三）设计定位

家居环境以自然柔和的原木色为基调，配以暖色系的软装，打造整体高颜值完美收纳的温馨舒适空间。

二、设计理念

（一）绿色生态理念

1. 合理智能技术

在该案例的设计中，运用了多类智能家电。

智能家居系统包括德国摩根、阿里等国际化智能品牌，打造智慧家居体验，可通过声控、面板、手机 App 等多种方式控制室内照明、窗帘、空调、安防、新风暖通、影音娱乐等设备，并实现本地和远程智能化控制。

根据虚拟业主的需求及生活习惯，调整所有的功能设备，让生活更为便利舒适。比如声控电动窗帘归家感应、灯光明暗调节等。

2. 节约和循环利用

该案例中，装修建材使用的是环保建材，可降低对环境的影响，之后也可以进行二次回收循环利用，避免出现二次污染。

（二）收纳

1. 化零为整

收纳对业主来说是对居住环境的重要要求，如美妆台收纳、衣物鞋帽饰品收纳等，在减少空间浪费的同时，还可进行折叠空间的利用。

2. 与功能相结合

该案例由于是小户型公寓，所以在使用功能上，将榻榻米和客厅座椅相结合，既能用作座椅也可以进行收纳。

三、设计思路

码 4-6 高效性交通动线

（一）可变化性

1. 精细化设计

通过抬高地台分割有限的功能区间，划分出休闲区和起居区。（图 4-20）

2. 高效性交通动线

从南北方向对空间区间进行动线划分，将交通空间合理地应用到一层和二层空间之中。

（二）多功能性

1. 空间灵活性

码 4-7 低效空间利用

公寓内使用的是开放式简厨和开放式用餐区，满足青年业主对厨房的基本需求，增添了空间的视觉延伸性，优化了整体空间比例。开放式厨房从客厅的落地玻璃窗获取自然光源，增加了居住空间的采光率。

2. 充分利用低效空间

一层客厅将收纳和家具相结合，柜体靠近墙体，最大化地分割出公共空间，从而获得更多的交流、活动空间。客厅无界限活动区、布艺坐垫、收纳式坐凳及楼梯下方的抽拉移动柜等都充分利用了低效空间。

四、设计要素

（一）声音

在该案例中门窗都用到了隔音门窗，墙体也都利用了隔音材料，并做了隔音处理，为青年业主在工作之余提供安静的居住空间环境，提升幸福指数。因此，在设计要素中声音的处理也是非常重要的一个环节。（图 4-21）

图 4-20 32 m²loft 公寓样板间客厅效果图

图 4-21 窗户声音的传播

（二）光

在该公寓居住空间设计中，自然光源的采用丰富了整体空间。人工光源柔和明亮，提升了居住的舒适度。（图4-22）

（三）色彩

该案例整体色调以灰色、白色为主，简洁大方，将空间中的主要色彩分为以下三种：

（1）底色，地面颜色一般与天花板相呼应，该案例中地砖为灰色大理石，与白色天花板形成呼应；

（2）中间色，该案例中西餐橱柜采用白色，使得餐厅空间整洁明亮，视觉感稳定；

（3）点缀色，该案例中部分柜体选用黑色勾边，起到了强调的作用。

（四）材质要素

石质材料纹理自然、细腻、整洁、肃穆，触觉上坚硬、冰冷、顺滑，耐火性强，防腐蚀，耐久、耐冻、耐压，不容易开裂。该案例中部分家具用到了这类材料，比如矮桌、器物等，增加了空间的轻奢感。

五、设计原则

（一）美学原则

1. 比例与尺度

公寓空间较小，所以在设计的过程中需要把控各类家具之间的比例与尺度，以平衡整体环境。该案例中客厅空间方正，选择了一个经典造型的米黄色沙发，将榻榻米和客厅茶几相结合，形成围合，营造居家氛围，呼应方正的空间形式。

2. 对称与平衡

该案例中，客厅米黄色的沙发与地面木材质的榻榻米形成了颜色与体积空间上的对称与平衡，增加了空间的灵活性。

3. 节奏与韵律

该案例从软装形式上看，采用了不同的节奏和韵律，矩形家具（沙发、柜体、电器等）和圆形家具（坐垫、灯具等）相结合，保持了居住空间的节奏感和韵律感。（图4-23）

（二）功能性原则

1. 实用原则

在公寓式住宅中，实用原则主要是基于对小餐厅、空间的合理布置与规划，设置齐全的功能

图4-22 厨房光线的传播

图 4-23 32 m²loft 公寓样板间空间布局

空间。把卧室、厨房、客厅、卫生间等合理布局，满足居住者的使用需求，就是遵循了实用原则。

2.尺度性原则

通过对人体静态与动态尺寸的把握，合理规划室内空间家用设施的高度、宽度及深度，合理设计空间中的收纳与实用设备。

3.规范性原则

规范性原则是一切原则的基础，设计与施工过程中都要遵循。

4.舒适性原则

舒适性原则是在满足了使用功能之外的原则。该案例从灯光、材质、空间布局等方面着手打造适宜青年业主的舒适居住环境。（图4-24）

码 4-8 总体
布局图

六、图纸分析

（一）总体布局

1.平面布置

该案例客厅空间完整周正，利用靠窗空间，将榻榻米与沙发相结合，布置均衡。餐厅空间与简厨对应为长方形，圆形餐桌满足了独居业主的使用需求，沿墙体布置I型橱柜，门厅的鞋柜收纳空间也同样满足了独居业主的使用需求。（图4-25）

2.立面布置

由于空间面积限定，立面布置以简洁为主，颜色以白色为主，总体布置以功能性布置为主。

图 4-24 舒适的卧室

图 4-25 厨房空间布局

图 4-26 窗

图 4-27 卧室柜体

二楼卧室背景墙的灰色软包与白色墙面相协调，空间整体性强。

3. 天花板布置

由于空间面积限定，天花板布置在功能性基础（新风系统、各类管线）上设计造型。造型简约，可以满足基本功能性需求，颜色以白色为主。

4. 地坪布置

该案例中除了卧室，其他空间地面使用的都是米白色瓷砖满铺。

（二）功能流线分析

1. 动静功能分区设计

在该公寓样板房案例中，将一楼客厅、简厨、餐厅等空间归为动区，二楼卧室归为静区。动静功能的分区较为明显。

2. 起居流线

该案例各功能空间布局明显，动线清晰，即入口门厅—简厨—餐厅—客厅，起居流线一目了然，二楼空间为卧室。

码 4-9 功能流线图

（三）细部装修

1. 窗

玄关入口正对的客餐厅采用落地玻璃窗，使得室内有充分的自然光源，采用借景的手法将室外景色纳入室内。（图 4-26）

本案例中选用组合式钢化玻璃窗，降低了整片窗的加工成本，避免了后期的危险性，并增加了安全锁扣。

2. 衣柜

由于本案例人群定位为 20+ 初入职场青年，因此衣柜选择了白色和茶色亚克力板组合，便于整理和寻找。茶色亚克力板在空间上增加通透性，避免沉闷，满足年轻人的心理需求。（图 4-27）

3. 纹理图案

玄关和餐厅选用的是具有大理石纹理的灰色瓷砖，给白色简洁的空间增添了色彩。二楼卧室地面用的纯木色地板，铺设白色与红色斑马纹交织的地毯，形成空间虚隔断。

课时安排：4 课时

课时任务：了解我国居住空间叠拼住宅的要点。

学习目的、意义：通过学习本章节的知识，了解居住空间设计中叠拼住宅的设计要素和设计方法。

要求掌握的知识：通过对五里春秋叠拼艺术居住空间的设计案例进行深入分析，从优秀作品中获得设计思路。

课时内容：主要讲解居住空间中的叠拼住宅设计方法，将优秀案例的设计思路融入设计之中。

要点：居住空间中的叠拼住宅。

一、项目背景

该项目是北京"远洋·五里春秋"项目中的一例叠拼艺术居住空间。

案例基本信息：400 m² 叠拼样板间，南北通透，通风、采光便利；卧室采用自然灯光；卫生间均为明卫，保证通风透气，干湿分离。

设计师信息：刘荣禄国际空间设计，主要设计师为刘荣禄、黄沂腾、陈福南。刘荣禄，跨界建筑、室内设计师及艺术家，被设计界誉为"空间叙事诗人"。

（一）受众分析

本楼盘设计全方位满足丁克、二胎、三胎等不同家庭的居住需求。

（二）设计定位

设计定位一方面要配合业主的情感寄托，另一方面要考虑业主的使用需求和生活习惯。在空间里停驻时间的脚步，让真正的旅行者在都市流浪中回归宁静。这是一个关于时间旅行者的故事。

二、设计理念

（一）绿色生态理念

1. 合理智能技术

智能家居系统可通过声控、面板、手机 App 等多种方式控制室内照明、窗帘、空调、安防、新风暖通、影音娱乐等设备，并实现本地和远程智能化控制。根据业主的需求及生活习惯，调整所有的功能设备，让生活更为便利舒适。（图 4-28）

2. 节约和循环利用

在该案例的设计过程中，设计师使用的是 E0 级环保建材，可降

第四节 叠拼住宅——以五里春秋叠拼艺术居住空间为例

码 4-10 平面图

低对环境的影响，减小对人体的伤害，后期还可回收循环利用，避免出现二次污染。（图4-29）

（二）空间设计特点

1. 与功能相结合

案例中二层盥洗区的移动门和水吧台可分可合，区隔工作画室，增强私密性；半通透的隔断充当电梯厅的端景；空间中的每一件单品都来自设计师的私人收藏或研发，既是装饰也是叙事，每一个都是好的故事值得诉说。（图4-30）

2. 对功能分区细致规划

三层主卧独立而又私密，有独立的衣帽间，深色调的柜体与镜面隔断搭配出后现代的时尚感。与书房连通，既可展示主人的收藏爱好，也可以临时在此办公，同时配有超大卫生间、圆形浴缸、双人淋浴间，以及双台盆设计，免去了使用高峰期的拥挤。空间相互关联，又相互对话。（图4-31）

3. 特殊空间的人性化设计

以宇宙、时间概念为主题设计的儿童房，各类转角都采用圆角，避免儿童在生活中磕碰受伤。

三、设计思路分析

（一）可变化性

1. 精细化设计

通过弧线形的设计，布置儿童房的空间，防止小孩在空间中受到伤害。超大儿童房可使用儿童喜欢的元素加以设计，营造沉浸式体验，满足学习、睡觉、娱乐、洗浴多种功能需求，同时二孩来临时也可以分割成两个独立房间，方便使用。（图4-32）

图4-28 客厅（智能照明）

图4-29 餐厅（环保材料）

图4-30 工作画室（结合功能）

图4-31 主卧设计

图 4-32 儿童房

2.高效性交通动线

该案例在设计的过程中，考虑了电梯、楼梯双重因素，交通动线高效，避免繁杂。因此，在设计时要注重动线的流畅性，保障空间相互之间的顺畅。

（二）多功能性

1.空间灵活性

金属隔段巧妙延至扶手，通往上层建筑；水波镜面的灵动产生出错落的变化感，延伸空间的层次感，意为"从未来而来"概念下的居住价值。负二层挑空楼梯铺陈的是石材台面；墙体采用的是粗犷户外石材，斑驳如时光痕迹；旅行主题空间的探索及墙体旅行箱造型的打造，打开了世界之缤纷格调。（图4-33）

2.充分利用低效空间

该案例将家具与收纳柜靠近墙体，获得规整性公共空间，交流、活动空间更宽敞。客厅无界限活动区、壁橱、灰色地砖等都充分利用了低效空间。

图 4-33 楼梯的材质

公私分区之间用隔断或柜体遮挡，门洞开启位置也要考虑隐私性，减少空间与空间之间的交叉性。如图 4-34 所示，通过架子围合出私密的会客厅。

四、设计要素

（一）声音

在设计要素中声音的处理也是非常重要的一个环节。在该案例中为保证空间的安静性，尤其是二层艺术家独立工作室，门窗都选用了隔音门窗，墙体也做了隔音处理，保证安静的工作环境。（图 4-35）

（二）光

在该叠拼住宅案例中，自然光在居住空间中的多姿多彩丰富了整体空间，提升了工作、居住整体环境。

图 4-34 私密会客厅

（三）隐私性

公私分区是隐私性设计中的一个重要环节。卧室位置处于三层，充分考虑了使用者的私密性需求。

（三）色彩

该案例负一层、负二层、一层的整体色调以灰色、白色为主，二层、三层以灰色为主，暖色系为辅，颜色轻松奢华，既符合了各功能的要求，也在光影效果下丰富了整体空间。

图 4-35 艺术家独立工作室

在本案例空间中最直观的颜色可以分为三类：

（1）地面（地砖、木地板）颜色为重色，部分橱柜、各空间收纳柜体为暗色系，调节整体空间的平衡感。

（2）橱柜、各空间收纳柜体为木饰面，为中间色，呼应地面的重色和墙面的白色或是莫兰迪色，起到稳定视觉感的作用。

（3）天花板、墙面、部分家居为浅色（白色、灰色），在重色、中间色的对应下减弱存在感，在颜色搭配上浅色（白色、灰色）是一种百搭的颜色。

（四）人体尺寸和空间尺度要素

该案例中，整个厨房的操作流线为：进入厨房—择菜洗菜—切菜—烹饪—成品等，相对应的是收纳置物架或冰箱—洗菜池—流理台—天然气灶（微波炉、烤箱等电器）—流理台，形成完整的流线。

空间尺度始终是围绕人体工程学来设计，在业主使用方便的前提下提高空间使用效率。

（五）材质要素

居住空间设计中常用金属类材质为黄铜、不锈钢、铁。特殊光泽的金属色（如银色），为家居空间创造了时尚感。该案例中用到许多金属质感的家具，在视觉上具有时尚感，稳固厚重，有光泽；触感光滑而冰冷。利用黄铜、铁、不锈钢做成的置物架、茶几、家具腿部，多与木质、皮质结合使用，简约时尚，独具风格。（图4-36）

五、设计原则

（一）美学原则

1.比例与尺度

为了空间整体的尺度感，需要加入体积感强烈的物品，以平衡空间。该案例中客厅空间为矩形，选择了一个弧形的灰色沙发，减弱空间的暗色。（图4-37）

图4-36 空间材质

2.过渡与呼应

硬装和软装在色调、风格上利用"过渡"来调整彼此相互响应。呼应属于均衡的形式美，这是一种常用的艺术手法。该案例中，过渡与呼应无处不在，比如天花板与地面、各类家具之间，形状构成、色彩层次等自然过渡、巧妙呼应，增加了住宅的空间美感，但是在设计时要注意把握两者之间的度。

3.稳定与轻巧

稳定与轻巧是以一种理性与感性的心态来设计居住空间，以流畅、轻巧、自然、简洁为特点。在该案例中注重色彩的轻重结合，柜体、桌椅等家具与饰物的形体大小相协调，合理布局、整体设计居住空间。

（二）功能性原则

1.实用性原则

在叠拼住宅空间中，实用性原则主要是基于空间功能的划分，不仅要满足功能性，还要满足

图 4-37 空间色调

图 4-38 空间舒适度

业主的审美与特殊需求。该案例设置了起居空间和画室空间，满足了业主的居住和工作需求，注重实用性。

2. 尺度性原则

叠拼住宅中尺度性原则主要表现在空间尺度

的高度上和空间功能尺度的划分上。结合动态尺寸设计空间设备，结合静态尺寸设计空间高度和功能区域的尺寸。

3. 规范性原则

设计师在做居住空间设计时，尤其是承重结构、各类管道、建筑外立面等都需要严格遵循《住宅设计规范》等设计规范，同时居住空间设计需要满足建筑要求，特别是结构之间的连接节点要更安全、更稳定。

4. 舒适性原则

在该案例中，空气、生活空间和光照等居住要素都构成了舒适的居住空间。（图 4-38）

六、图纸分析

（一）总体布局

码 4-11 负一层到负三层平面图

1. 平面布置

该叠拼方案中，设计重构了空间的精神秩序，各个功能空间无不跳脱出它原本的定义，被重新赋予了超越时空维度的内涵。双一层概念将负一层客厅和家庭活动空间融入功能布局，顶面融入蒙德里安的艺术语言，延伸到观影区的半包围空间；可分可合的大聚会厅、疏密有致的饰面板，以及壁炉的设计营造了温馨的格调。

2. 立面布置

立面布置是该案例中表现的重点之一，金属

与 PVC、白色立柜的组合，使得立面的处理极
具现代感；儿童房的立面用纯白色做特殊造型收
纳或展示，增加空间趣味性；画室的立面采用灰
蓝色，缀以艺术画，烘托出了整个艺术家工作室
的氛围感。（图 4-39）

3. 天花板布置

天花板布置在功能性基础（新风系统、各类
管线）上设计造型，精准把握尺度、包边厚度。

儿童房和工作室采用特殊造型做天花板，增
加趣味性；负一层客厅天花板用线状光源限定空

间，丰富层次。（图 4-40）

4. 地坪布置

该案例的地面材质包括木地板饰面、大理石、
瓷砖等材质；各空间运用不同面料的地毯，丰富
地面纹样。

（二）功能流线分析

1. 动静功能设计分区

该案例将卧室、卫生间、书房、多功能厅、
工作室等空间归为静区，起居室、厨房等空间归

码 4-12 功能
流线图

图 4-39 立面空间

图 4-40 天花板布置

图 4-41 窗户细节

图 4-42 纹理图案

为动区，动静功能分区较为明显，通过室内通道保证视觉的空间感。

2. 起居流线

案例空间划分明晰，负二层为保姆房、健身房、车库，负一层为客厅、多功能厅，一层为厨房、餐厅、庭院景观，二层为画室、客卧，三层为主卧、儿童房，每层都配有卫生间，清晰的功能布局使得起居流线明显。

3. 家务流线

家务流线主要分布在负二层、负一层、一层，包括洗晒区和厨房等。该功能区注重效率，动线精短直接，避免与其他功能区产生干扰。

4. 客人流线

该案例根据业主的访客需求，突出礼仪，将负一层整体设置为会客区，影音厅也在同层，厨房与餐厅在一层，客人就餐可在室内或庭院中，避免与二层、三层空间交叉，也避免了客人动线与私密空间冲突。

（三）细部装修

1. 窗

窗的作用产生光源。该案例中各空间都保证了自然光的采用，负一层开辟采光井获取自然光。窗户选用的是双层防噪钢化玻璃，具有保温、安全的效果。（图 4-41）

2. 纹理图案

沙发、茶几、壁炉，配合着光影与色彩的搭配，组合成一幅现代主义的图景。（图 4-42）

3. 包边

该案例工艺细致，追求精益求精，主要表现在柜体、部分造型底部等，比如金属材质包边收口，丰富细节。

课时安排：4 课时

课时任务：了解平墅住宅的设计要点。

学习目的、意义：通过学习本章节的知识，了解居住空间设计中平墅住宅的设计要素和设计方法。

要求掌握的知识：通过对平墅住宅的居住空间案例进行深入分析，从优秀作品中获得设计思路。

课时内容：主要介绍居住空间中的平墅住宅，以案例的形式讲解，得出独特的设计方式和理念。

要点：居住空间中的平墅住宅，学习天著春秋人居空间的设计方法。

一、项目背景

该项目是北京"远洋·天著春秋"项目中的一例平墅住宅。

案例基本信息：455 m² 平墅样板间，南北通透，通风、采光便利；卧室采用自然灯光；卫生间均为明卫，保证通风透气，干湿分离。

设计师信息：唐忠汉，被称为"台式风格"设计的代表人物，台湾新生代设计界的领军人物。

（一）受众分析

该案例受众为三代同堂：两位老人、青年夫妻和小孩。

（二）设计定位

居住空间设计一方面要配合业主的情感寄托，另一方面要考虑业主的使用需求和生活习惯。该案例受限于原生基地为五层楼的一般住宅建筑，首先打破原有框架和楼层分户的限制，重新定义，将独门独户的住宅空间融入复层别墅，错综交叠的结构贯穿原建筑结构体，创造出三种新式的复层户型，让一到三楼各层分别拥有专属地下层与入户花园，顶楼住户享有阁楼以及景观露台，这就是所谓的藏山独栋。

二、设计理念

（一）绿色生态理念

1. 合理智能技术

全屋使用的家居智能设备包括照明、传感器、环境与温度、遮阳、终端控制、安防、影音 7 个种类，比如室内智能灯光、温控等智能家居绿色设计。（图 4-43）

图 4-43 客餐厅一体的绿色设计

2. 节约和循环利用

在该案例的设计过程中，设计师要求施工团队使用的是 E0 级环保建材，降低对环境的影响，减小对人体的伤害，后期还可二次回收循环利用。

（二）空间设计特点

1. 与功能相结合

案例中客厅、餐厅以材质间的相互对比与高低天花板的错落，区分空间使用功能，打破格局界限，强调视觉划分的趣味性。

在餐厅侧墙之中，运用进退层次的规划产生空间的量体，回归空间的机能本质。远观大气壮阔，近看则带有似无痕却又蕴含细节的巧思，利落明快之余，更具美学深度与精致性。（图 4-44）

2. 对储藏空间进行细致规划

卧室空间独立而又私密，将储藏空间藏于隔断中，灰色调的柜体与推拉门隔断搭配出简约时尚感。空间之间相互关联，又相互对话。

图 4-44 空间隔断

三、设计思路分析

（一）可变化性

码 4-13 总平面图

1. 精细化设计

通过对入口玄关、过道、厨房、客厅、工作室、衣帽间、主卧、次卧的精细化设计，设计空间的详细分布图。

2. 高效性交通动线

住宅内交通动线高效，避免繁杂。因此，在设计时要注重动线的流畅性，保障空间相互之间的顺畅。

（二）多功能性

1. 空间灵活性

负二层的玻璃扶手向上延伸，通往负一层和地面层；地面的木地板延伸了空间层次和节奏感。负二层与负一层的整面墙设置成攀岩，延伸空间，墙体采用粗犷的户外石材，以平面构成的形式进行开窗，增加空间的灵活性。

2. 充分利用低效空间

走廊墙面将收纳展示相结合，既达到了收纳功能，又能展示业主的收藏品，使空间规整宽敞，充分利用了低效空间。（图4-45）

（三）隐私性

公共活动区设置在负一层、负二层（健身、攀岩），区隔了地面卧室的私密性；公私分区之间用实体（柜体、门）隔断，减少卧室空间与活动空间之间的交叉性。（图4-46）

四、设计要素

（一）声音

在该案例中为保证业主安静的居住环境，尤其是卧室，门窗都用到了隔音门窗，墙体也做了隔音处理。（图4-47）

图 4-45 收纳空间

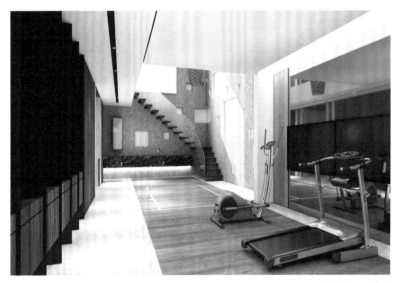

图 4-46 公共活动区

图 4-47 声音的传播

图 4-48 负一层、负二层光线的传播

（二）光

在该案例中，通过室内局部中空及大面积开窗，保证负一层、负二层的光照，既延伸了空间，也完善了空间的光环境，从而提升整体居住环境。（图 4-48）

（三）色彩

该案例整体色调以灰色、白色为主，暖色系为辅，体现空间的轻奢感。

（四）人体尺寸和空间尺度要素

根据业主的各项静态尺寸和动态尺寸调整空间布局，定制部分家具。

（五）材质要素

现代主义、后现代主义居住空间设计中常用玻璃作为创意家具的材质。该案例中用到了酸蚀镜面（做旧效果）、磨砂镜面等，经过特殊工艺处理，耐高温腐蚀，将石质材料、木制、金属材料与之结合，可以达到更好的效果。玻璃可以作为极简玻璃家具和奢华镜面装饰，运用不同的施工工艺表达视觉效果，视觉上晶莹剔透，明暗变化和光影层次在玻璃家具中得到充分展现，增加住宅空间的通透感。

五、设计原则

（一）美学原则

1.比例与尺度

该案例中客厅空间为矩形，选择浅色灰沙发，减弱空间的暗色，在视觉上扩大空间尺度。

2.过渡与呼应

在该案例中，过渡与呼应无处不在，比如白色天花板与灰色地面、各类重色与浅色饰面家具之间，形状、色彩层次过渡自然、巧妙呼应，丰富了空间美感。但是在设计中应把握两者之间的度，不应一味地注重形式美而忽略了功能。

图 4-49 美学元素应用

3. 比拟与联想

比拟与联想都是文学上的说法，将现实存在的具象通过心理思维与其他意向结合，比如门厅选用极具造型的装置，置身其中发挥想象也许会产生未知感。（图 4-49）

（二）功能性原则

1. 实用性原则

实用性原则在居住空间设计中是一切原则的基础。该案例设置了起居空间和健身空间，满足了业主的居住生活需求，注重实用性。

2. 尺度性原则

在平墅住宅中，由于尺度比较大，在面积划分时容易造成区分不合理。只有合理利用尺度性原则，才能合理划分空间的面积，防止在空间中造成需求度大的面积窄小，需求度小的面积偏大。设计时要应用合理的功能尺度规划空间分布。

3. 舒适性原则

在该住宅中，负一层、负二层以挑高垂直的

建筑物特性，将攀岩墙、健身房、篮球场等特殊活动场地置入，形塑出不同的空间体验。借由大面积开窗将光源、绿带导入地下楼层，同时也映照在攀岩主墙上，随着日夜光影变化开启更深层的感官体验。

六、图纸分析

（一）总体布局

码 4-14 总体布局图

1. 平面布置

该案例运用石与木作为结构主体，交织出或平静或躁动的跳跃，带出风华、美和韵律。

空间基底色调采用大地暖色系，各种深浅褐色与调和的棕、灰、白色系促成画面的协调而又多变。地面一层的客厅与餐厅相邻，饰面板切割疏密有致，利用家具的颜色和材质区分空间感。

2. 立面布置

立面布置是该案例表现的重点之一，金属与

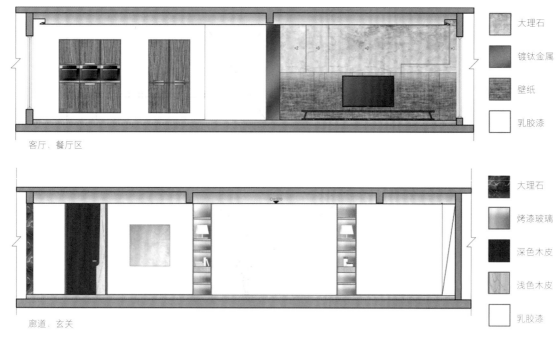

大理石

镀钛金属

壁纸

乳胶漆

客厅、餐厅区

大理石

烤漆玻璃

深色木皮

浅色木皮

乳胶漆

廊道、玄关

图 4-50 立面图

码 4-15 客人流线图

白色墙面、柜体等组合，极具现代感。（图 4-50）

3. 天花板布置

天花板布置在功能性基础（新风系统、各类管线）上设计造型，精准把握尺度。

门厅采用特殊造型做顶面，增加空间趣味性，丰富层次感。

4. 地坪布置

该案例中地面材质包括大理石、木地板等，通过平面构成原理组合成多种样式。

（二）功能流线分析

1. 动静功能设计分区

该案例将地面层空间归为静区，负一层、负二层空间归为动区，动静功能分区较为明显，通过室内通道保证视觉的空间感。（图 4-51）

2. 起居流线

住宅空间划分明晰，负二层为健身空间（攀岩、篮球等区域），负一层为活动空间（储藏、游憩、花园景观等），一层为起居空间（客厅、餐厅、卧室），每层配有卫生间，清晰的功能布局使得起居流线明晰。（图 4-52）

3. 家务流线

家务流线主要分布在负一层、地面层，包括洗晒区和厨房等。该功能区注重效率，动线精短直接，避免与其他功能区产生干扰。

4. 客人流线

该案例根据虚拟业主的访客需求，将负二层整体设置为健身区，负一层设置为活动区，都可与客人进行活动交流，地面层的客厅与餐厅也可以是客人流线的一部分。

（三）细部装修

1. 窗

该案例中的各空间都保证了自然光的采用，负一层、负二层使用竖向大面积窗户获取自然光。

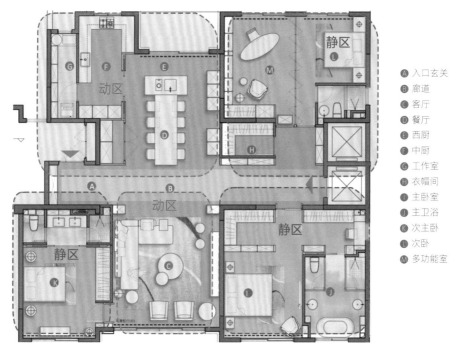

A 入口玄关
B 廊道
C 客厅
D 餐厅
E 西厨
F 中厨
G 工作室
H 衣帽间
I 主卧室
J 主卫浴
K 次主卧
L 次卧
M 多功能室

图 4-51 动静区域

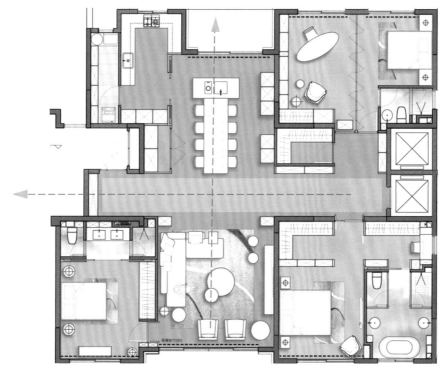

图 4-52 起居流线

2.纹理图案

客厅与餐厅在材质的选择上相呼应，使用大理石材质本身具有的纹理进行设计，简洁明了。采用趣味性的隔断来分隔空间，打破格局界限，满足人物在餐厅用餐时与客厅人物的交流，从而形成既独立又具有联系的空间关系。（图4-53、图4-54）

3.包边

扶梯转角、楼梯收脚处都做了细致的包边处理，橱柜、门窗等也进行了细部统一处理。（图4-55）

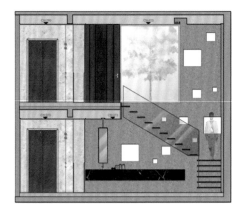

挑空区／造型壁画

 大理石

 大理石

 清水模涂料

镀钛金属

图4-53 细节装修

图4-54 纹理装修

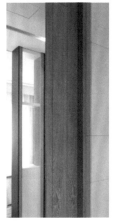

图4-55 包边装修

课时安排：4 课时

课时任务：了解小户型住宅的设计要点。

学习目的、意义：通过学习本章节的知识，了解居住空间设计中小户型住宅的设计方法和思路。

要求掌握的知识：通过对小户型住宅的居住空间案例进行深入分析，从优秀作品中获得设计思路。

课时内容：主要介绍了居住空间中的小户型住宅，以洞穴空间主题公寓为案例进行讲解，得出独特的设计方式和理念。

要点：居住空间的小户型住宅，学习洞穴空间主题公寓的设计方法。

一、项目背景

洞穴空间主题公寓项目是远洋苹果园 loft 概念公寓，地址在北京市石景山区苹果园大街的交通枢纽商务区。

案例基本信息：loft 概念公寓，着眼于商务青年公寓，开发商与设计师共同建造了一处符合商务气质和交通枢纽的商务 loft 区域。该项目充满活力，富有内涵，符合年轻人对审美、设计的追求。loft 分为两层，上下各一层。

设计师信息：刘荣禄，当代设计师，中央电视台《秘密大改造》受邀的顶尖设计师。

（一）受众分析

本次项目主要是为三口之家设计，每位家庭成员都有各自的特点与性格爱好。

男主人是某知名企业游戏设计总监，社交活动频繁，注重生活享受的家庭空间，爱好复古收藏与怀旧电影。

女主人是一名时尚企业顾问，常出席全球各种时尚发布会，具有极强的艺术感知力，喜欢色彩，爱好电影与旅行。

小男孩 4 岁，双语幼儿园就读中，思想新潮，有创想力。

一只美国短毛猫，好奇心强，性格友善，饭量大。

（二）使用诉求

针对家庭用户不同的层次需要制定相对应的设计方案。男主人与女主人都有各自的事业并且社交活动较多，在居住空间的便捷性与舒适度上要求更高，在家中更希望获得宁静的感受，享受在家安逸的生活。同时，二者都喜欢电影，有一个能共同观影的功能空间。除了一些共性之外，男主人还爱好收藏，女主人喜爱旅行，因此，在居室

图 4-56 效果图

内可以设置一些展示空间用来摆放收藏品与纪念品。女主人作为时尚顾问对色彩有独特的见解，在设计时过于明艳或者过于暗淡的室内色彩都是不合适的。对于充满想象力的 4 岁儿童，家更是一切探索欲的起源，要在设计中考虑空间及家居尺度对于儿童的适用性与安全性。家庭中还有一只好奇心强的美国短毛猫，空间环境也要与猫科动物特有的生活习性适应融合。这些诉求在本项目的空间设计中都将得到满足。

（三）设计定位

　　根据居住者提出的使用诉求，本项目的设计重点主要是：一方面要保证居住空间的功能性，方便合理的室内空间划分与家居是家庭生活的基础；另一方面又要满足每位家庭成员的不同需求，在统一的大空间之中突出细节的个性。男女主人都是从事艺术相关行业，更能接受具有包容性的空间与色彩，空间的连接与转换可以更加灵活多变。同时，考虑家庭中有儿童与宠物，在设计中会减少尖角以保障安全；考虑儿童学习发展的需要，会在空间中进行功能叠加，以适应不断成长的儿童。考虑猫作为家庭的一员，会在家居空间中设立具有高低差的空间，满足它日常的活动需要。综合来说，可以满足不同年龄阶段不同空间

功能的"洞穴式"空间设计。

二、设计理念

（一）天人合一理念

　　随着社会经济的发展，居住在大城市的人们越来越多地想要追求人与自然和谐相处的美好生活，而人类最早就是筑穴而居，至今还有许多地区仍然是居住在洞穴式的房屋里，比如陕西窑洞。洞穴设计有着多变的空间感和淳朴的自然感，能更好地将人带入大自然亲切与随性的氛围之中。同时，洞穴设计没有对"天""地"的界限做明显的划分，而是把二者进行连接，各个空间又保证了其独立性，这种连通的洞穴设计是天人合一思想的明显体现。通过将岩洞理念的空间与大型落地窗结合，形成一种天人合一的空间。（图4-56）

（二）低碳理念

　　低碳生活已经随着人们环保意识的增强而更加深入人心，包括低碳经济等都是为了减少碳排放、减缓气候变化做出的应对措施。小户型住宅为低碳生活提供了一个更健康的空间。（图4-57）

 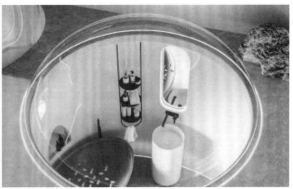

图 4-57 低碳空间设计

图 4-58 室内装饰

（三）以人为本

居住空间本来就是为家庭成员提供舒适的环境，按照共性与个性来定制不同的区域。以人为本的设计理念就是在设计中根据每个家庭成员的共同需求与不同需求设计适合的空间，创造更加和谐的居住环境。（图 4-58）

三、设计思路分析

码 4-16 平面图

（一）可变化性

通过对天然洞穴的空间及材料进行解析，分析天然洞穴的形态特征与空间特征，再将其根据不同的需要进行变化，营造丰富的空间效果。同时，在人工洞穴设计的空间中表现出的材质、颜色等都可以作为居室主人对艺术的理解与个性化的表达，从而产生更多不同的效果。

通过玄关、餐厅、厨房、客厅、阅读区的精细化设计，设计空间的详细分布图。

图 4-59 空间设计

（二）多功能性

1. 空间灵活性

与现代居住空间相比，天然形态的洞穴空间有着千变万化的造型，可以不用受建筑形态的限制而灵活改变，这种随心所欲的构造形式更适合充满艺术气息的家庭，把提炼后的空间造型形式与居住使用功能结合起来，能更加自然灵活地满足日常居住的各种需求。（图 4-59）

2. 人与动物和谐相处

这个家庭有猫的加入，加上男主人又是个爱猫的人，因此在设计中要考虑人的需求，同时也要考虑猫科动物的行为习性及其对环境的适应性。动物作为人类忠实的朋友与伙伴，在该案例中作为家庭的一员应重视与人居动线的协调，构建一个人与动物都能乐在其中的居住空间。（图 4-60）

图 4-60 宠物的空间

四、设计要素

（一）声音

本案的设计之中，通过圆弧形和有机形的空间变异，可以促进声音很好地传播，在室内形成有效的空间声音流动，这是设计中处理声音变化和传播的扛鼎之作。而且在声音的处理上，上下空间呈弧度流动，可以让声音很好地在上下层之间传播，起到了软化空间的作用。（图4-61）

（二）光

设计师为了能让白天有更多的自然光线汇入室内，在原有建筑空间的基础上用"洞穴"相互连通的设计特点营造更多通透交错的"通道"，流动的线条穿插在不同的功能空间，既起到了连接的作用，也让更多的光线可以通过没有遮挡的连接部分投入室内，使得室内空间更加通透明亮。

在灯光设计上，没有过多采用灯具外露的直接照明，而是采用隐藏式的灯带与灯具，间接照明带来的室内效果更加简约柔和，同时结合室内流动的线条可以营造富于动态的光感。

（三）色彩

室内空间色彩上采用了"洞穴设计"中常见

的原始颜色，暖灰的大地色系更加具有自然之感，简单的颜色随着变化的线条从地面延伸到墙面再到天花板，空间更加浑然一体。同时，在家具软装如沙发的颜色上采用了活泼鲜明的红色增加对比，这种平淡与热烈的色彩对比，使空间在自然与潮流之间达到平衡。

（四）人体尺寸和空间尺度要素

通过空间挑空和下沉的方式，设计符合人体工程学和人机交互的概念设计。将有夹角的空间设计成符合人们在空间中身体的舒展和人体工程学中的数值关系，符合人体曲线和对弧线有需求的空间结构。

（五）材质要素

追求自然与环保一直是近些年来的热门话题，材料作为空间设计的直接表现者在最终效果里所占比重是很大的，不同的材料能表现不同的肌理与性能，也会给人带来不同的视觉感受。洞

图4-61 空间声音的传播

穴设计保留了质朴的肌理效果，采用原始的建筑元素，能有效地降低污染，减少材料的浪费。在该案例中着重表现家居生活的自然美，因此在涂层材料上大多使用最简单的装修材料以达到返璞归真的效果。（图 4-62）

五、设计原则

（一）美学原则

1. 统一与对比

有着相同或者类似的颜色、材质、大小的事物，很容易产生很统一、很匹配的感受，相反在这样的环境中放置与其颜色、材质、大小不同的事物进行比较，会产生一种强烈的反差感。这种矛盾能互相补足产生新的感受，激发人们对它的兴趣。该案例中用大面积的暖灰色与大红色相搭配，给人带来强烈的对比感。（图 4-63）

2. 节奏与韵律

节奏来源于空间中的重复变化和曲线的流转韵律。在整个空间中设计师采用了重复的弧形，产生了乐律的感觉，又通过弧线的把握在空间中呈现出像乐曲一样的美丽华章。在大量有机弧线的应用中，形成美妙的节奏和韵律。

3. 过渡与呼应

过渡让不同的空间能进行不冲突的衔接，呼应是同种材料在不同地方的重复使用。在该案例中，大片的原始色线条将空间中的各个部分都串联起来，过渡得十分自然。同时，室内多个圆弧造型与亮眼的沙发坐垫形成呼应。（图 4-64）

（二）功能性原则

1. 实用性原则

家庭生活本就是以人为本的，因此实用的空间是每个家庭的第一需求，既要满足人的基本需求，也要满足精神需求。洞穴式设计有多种样式，但是我们不可能全部用在家庭中，不能为追求个性而个性，要把设计感与实用性结合起来，可以利用洞穴灵活的形式巧妙地将空间连接，把该展示的露出来，该收纳的藏起来，有效创造实用空间。（图 4-65）

图 4-62 空间材质要素

图 4-63 空间设计 1

图 4-64 空间设计 2

图 4-65 功能空间设计

2.尺度性原则

在小户型设计中，尺度性原则往往服务于功能项目，用以规划挑高的空间以及各个功能区域的分割。在该案例中，因为曲线较多，但都符合人们对曲线尺寸的要求。4.2 m 的层高，在满足设计理念的同时，根据功能分区的要求，合理规划各空间的层高。

3.安全性原则

家居空间是每个人都要待很久的地方，不仅有大人还有儿童，因此安全问题不容忽视。不论是设计中的安全隐患还是装修过程中的材料与涂料都要尽量做到绿色有机，减少污染。在空间里做不规则的造型对于内部结构都要有一定的强度与刚度的要求，对于有起伏的空间造型更是要注意构件的连接与稳定，保障人身安全。

4.舒适性原则

家给人的特别感受就是带来舒适的感受，不能为了追求华丽的空间效果而放弃居住体验。可以在保证美观的同时兼顾实用功能，从居住者的角度出发，打造美观与舒适相统一的室内空间环境。

六、图纸分析

（一）总体布局

1.平面布置

通过曲线流向，将空间进行划分，形成符合空间布局的功能划分，合理地布置了玄关、餐厅、厨房、客厅、阅读区。在每个空间的连续之中，将空间用曲线、洞穴的形式连接，形成了新的空间划分，让空间饱满而且充满节奏、韵律感，在

空间中能够感受出洞穴主题的故事讲述方式。

2.立面布置

该案例把上下两层用曲线连接起来，自然且浑然天成，具有线条的律动感与空间的节奏感。

3.天花板布置

天花板图面标示高度以地坪完成面起算，等高线标示均为完成面高度，吊顶标高可根据现场实际情况而定，但要遵循尽可能抬高的原则。内装用轻钢龙骨石膏板。图纸中纸面石膏板以及防水石膏板如未特殊标注采用的墙面厚度为 12 mm，内填吸音棉；顶面 9.5 mm 厚，双层；饰面采用环保型乳胶漆。天花板之收边沟缝未特别注明者皆为 20 mm×20 mm，收边沟缝为 18 mm，用夹板成型后再进行刷漆处理。

4.地坪布置

所有石材（除人造石外）均需做石材防护，地面石材需做防滑处理。所有贴石材的房间，墙地缝均需对缝。

（二）功能流线分析

该案例户型偏小，但麻雀虽小，五脏俱全，具有起居流线、家务流线、客人流线三种流线。其中动静分割明确，居住起来舒适，充满温馨感。

（三）细部装修

1.吊顶

独特的天花板造型采用阻燃龙骨与镀锌吊筋做支撑，曲面造型由厚阻燃板与厚防水纸面石膏板定制，外层用刷乳胶漆来打造风格效果。（图4-66）

码 **4-17** 总体布局图　　码 **4-18** 功能流线图　　码 **4-19** 吊顶大样图

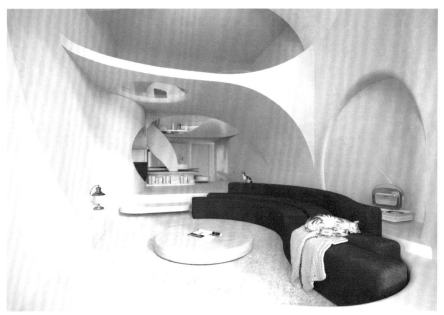

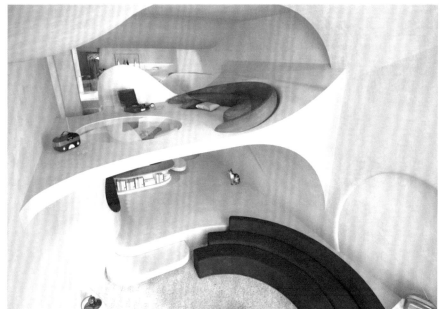

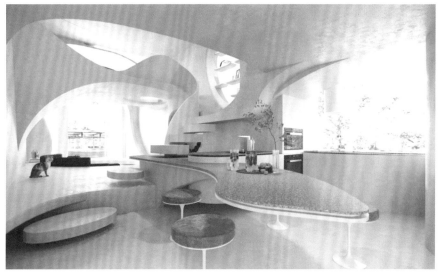

图 4-66 吊顶

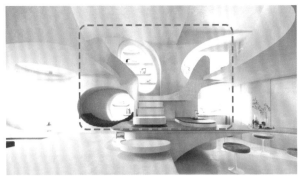

图 4-67 柜体

图 4-68 灯具

2.柜体

通过曲线和镂空的洞穴形式设计出的空间柜体，融合且具有空间性，将柜体收纳很好地应用到了居室空间的设计之中。用凹进和凸出的形式将正负空间很好地融入空间设计之中，形成隐形的收纳空间。（图 4-67）

3.灯具

室内多半为直接照明与间接照明，所有间接照明的灯管交错排列，避免光线产生断层。厨房与卫生间灯具加装防水防雾功能。（图 4-68）

4.透明天花板／地板

一层客厅的天花板直接打通至二层，用钢化透明超白夹胶防爆玻璃嵌入，既可以是一层透明的圆形吊顶，又可以是二层透明的地板。

一

第五章

居住空间专题设计

第一节 精品案例解析

课时安排：2 课时

课时任务：通过赏析优秀设计案例，深入解析设计方案。

学习目的、意义：通过学习本章节的知识，对大型交流空间案例进行分析，了解好的方案的设计思路、设计理念以及设计方法。

要求掌握的知识：通过对大型交流空间的居住空间设计方案进行深入分析，从优秀作品中获得设计思路。

课时内容：主要介绍居住空间中的大型交流空间，以案例的形式讲解，得出独特的设计方式和理念。

要点：居住空间的大型交流空间，学习北京远洋石景山刘娘府营销中心室内设计方案的设计方法。

项目名称：北京远洋石景山刘娘府营销中心室内设计方案

设计内涵：延续建筑所蕴含的意味，以其为空间载体的延续。将空间打散、重组，诠释其新的含义，扩展到内外结构的建筑之中。（图5-1、图5-2）

图 5-1 外观效果

图 5-2 外观效果

图 5-3 艺术展厅

植入文化的多样性，表达原生与共生的含义。把自然的氛围和设计的构想结合在一起；把传统思想带入现代设计之中，感受传统文化和思想，表达出当代的手法和艺术；将艺术品的陈列和矛盾艺术共生，达成共鸣；把科技与智能化融入设计之中，如灯光控制、控制面板、控制系统、远程控制等智能化系统在空间中的应用，细节与收口处的应用体现传统文化与精神的结合。功能、空间、美学三者结合，形成共生的艺术设计感觉。（图 5-3）

设计定位：以当代艺术气息和隐形东方情怀为核心，创造多元业态兼顾销售的新型文化体验型空间，提供一个聆听自然、返璞归真、文化传承的场所。

空间路径：通过风景开阖、空间对比等手法，引导对空间的感知、强化空间尺度对比。尊重自然，走近自然，营造"未山先麓、移步易景"的空间意境。

空间尺度：不同的空间尺寸会给人带来不同的感受，在路径过程中调整空间的尺寸关系，从而引导人的情绪变化。

空间节奏：层层递进、先抑后扬、不妨偏径、顿置婉转、悠然其中、耐人寻味。

感官体验：从传统的二维感官走入五维的多元感官体验，并以5D的全新角度去多维度挖掘客户的细腻体会，寻找真正触动人心的感官体验。

整体空间设计明确，颜色趋向流动的古典色。功能齐全，设施智能化。声、光、色齐全，在设计中设施明确，结构与肌理、光影效果清晰淡然。（图 5-4 至图 5-6）

图 5-4 接待前厅

图 5-5 VIP 室

图 5-6 私宴区

课时安排：12 课时

课时任务：通过赏析优秀旧屋改造、民宿以及大型交流空间养老院的设计案例，深入解析设计方案。

学习目的、意义：通过学习本章节的知识，对旧屋改造、民宿以及大型交流空间养老院案例进行分析，了解好的方案的设计思路、设计理念和设计方法。

要求掌握的知识：通过对旧屋改造、民宿以及大型交流空间养老院的居住空间设计方案进行深入分析，从优秀作品中获得设计思路。

课时内容：主要介绍居住空间的旧屋改造、民宿以及大型交流空间养老院，以案例的形式讲解，得出独特的设计方式和理念。

要点：居住空间中的旧屋改造、民宿以及大型交流空间养老院，学习优秀案例的设计思路、设计理念和设计方法。

专题一 旧房改造

旧屋改造是当下流行的居住空间的改造设计方式，在很多档的电视节目中都有旧屋改造的设计节目，从 2008 年央视开始的《交换空间》到东方卫视的《非常梦想家》都是对旧屋进行改造的节目。在节目中通过对业主或者是住户的原始房屋进行空间改造，形成新的理想空间从而达到住户的居住要求，并打造好的居住空间环境。

如何进行旧屋改造是需要学习的一种空间设计方法。新的房子经过长期的使用，会有老化、变形、隔音效果变差的现象。居住者在面对这样的情况时，很多会考虑旧屋改造，大多会对房子进行重新装修。因此，旧屋改造已经成为一种固定的居住设计方式。在现代快节奏的生活中，人们开始重新定义农村生活，对乡下旧屋的改造也成为一种人们的心里向往，桃源式的生活方式，可以放松人们的身心。

设计原则：在旧屋改造设计当中，应保持一定的设计理念和原则。大致可分为以下四种。

第一种，符合国家政策法规要求。国家对旧屋改造有一定的环保要求、面积要求和采光要求，我们在做设计的时候一定要对国家的政策法规进行了解。

第二种，去粗取精，去伪存真。在居住空间的改造中，要对房子的整体现状进行了解，通过对空间结构的分析，把需要的、有价值的设计部分留下，把不需要的地方去掉。该拆的拆掉，该留的留下，这样才能使布局和空间合理，不能随意对屋子进行加减，要达到去粗取精、去伪存真的效果。

第三种，结合当地人文景观和自然景观的设计方式。在旧屋改造

图 5-7 改造前的客厅

图 5-8 改造后的客厅

中，很多时候会涉及与当地环境的结合，中国古人朴素的思想观念里面就有"天人合一""物我合一"的认识。在进行旧屋改造的时候要与当地人文景观即当地的风土民情，以及自然景观结合，在与自然景观结合的时候还要考虑当地的水文环境、地理环境，做到绿色、环保设计。

第四种，内外结构结合设计。旧屋有一定的原始结构，在做装修设计的时候一定要把居住空间的设计与屋子的内外结构结合起来设计。

一、项目背景

该项目是《非常梦想家》第六期的节目。旧屋改造是为沪漂小南量身打造的"N+1"的合租出租屋方案。设计师是清华特聘教师李大鹏先生。

（一）业主分析

小南是一位沪漂的音乐剧编剧，为了完成自己的梦想只身来到上海。《非常梦想家》栏目组给她找了一套位于松江区临近大学城的房子，但是由于预算问题，不得不对房屋进行改造。

（二）设计定位

房屋的使用者对房屋是有一定要求的，尤其是对使用压力、布局、电压、隔音、光线、厕所等因素有特殊要求。

（三）效果对比

经过装修前后的对比，客厅由朴素的毛坯房变成了精致的空间。（图 5-7、图 5-8）

二、设计理念

在不改变原户型的基础上，提高空间的利用率，通过创新把小空间变大，扩展居住空间的尺寸，从而大大拓宽生活的宽度，在小面积之中达到合理的功能需求。（图 5-9）

（一）空间设计特点

1.与功能相结合

房子的结构是三室一厅，但是由于小南的预算较少不足以租一间房间，要在客厅增加一间房间给其使用，所以要处理光照的问题。设计师李大鹏先生在设计中为小南打造了独立的向阳空间，把原本三室一厅的空间打造成了四室一厅。在保证整体空间的统一性上，打造合理的合租文化。

2. 对储藏空间进行细致规划

在空间设计中，通过对家具收纳功能的设计，形成合理的储物空间。（图5-10）

三、设计思路分析

为了最大限度上减小使用压力，调整了衣帽间的布局。在N+1的设计上，重新分割了客厅南面采光的一半以及阳台面积，构造了小南的房间。这个布局让小南的房间可以看到阳光。为了减轻合租四人的卫生间空间使用压力，在小南的房间合理布局，增设了一个洗漱台。（图5-11）

在整体设计中，设计师通过引入"漂流"与"河流"的概念，用拼图的形式连接整个空间，遮蔽掉被小南房间空间破坏的地板，形成统一的设计主题。应用"漂流瓶"设计的整体导视系统，划分功能区域和个人使用空间。

图5-9 小空间的设计

图5-10 储藏空间设计

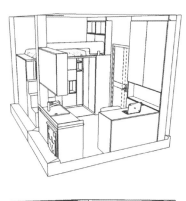
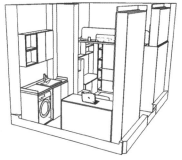

图5-11 小南房间规划

四、设计要素

（一）声

在隔断房间的时候，设计了隔音效果很强的纤维填充的隔断，重点加强了小南房间的隔音效果。

（二）光

在保证小南房间光线充足的情况下，设计师用三棱镜折射出彩虹的效果，让小南房间在三棱镜的照射下，产生奇妙的光学效果。

（三）电

在保持合租房原有电路结构的同时，还对室内的电路和电表分流进行了改造。

（四）色彩和材质

全屋设计中采用了高级的色调，北次卧采用猫白、赭石、利休灰的颜色，南次卧采用猫白、孔雀绿和抱琴胡桃，主卧采用猫白、抱琴胡桃、灰蓝山雀。（图5-12）

码 5-1 房间
色彩搭配　　　码 5-2 平面图

（五）人体尺寸和空间尺度要素

设计符合全屋定制的功能型家居，符合人体工程学和小空间的居住要素。通过收纳空间和整体家具设计，在小空间中营造功能型的家居环境，对折叠和收缩空间有一定的延展性。（图5-13）

五、设计原则

（一）美学原则

该案例在设计上通过集约型、收纳型、折叠型的家居扩展了室内空间的比例和尺度，达到了小空间大用处的容纳效果。

（二）实用功能

该案例的设计使用 N+1 的设计方式，对空间的使用原则符合国家标准。

六、图纸分析

通过对 N+1 的方式布局，在客厅诞生了一间小南房，方便小南的起居生活。小南房在需求上要求有向阳的窗户可以通风，保持空间中的空气流通和居住安全。

七、成品展示（图5-14）

猫白　　　　赭石　　　　利休灰

抱琴胡桃　　　灰蓝山雀

图 5-12 色板

图 5-13 空间合理化设计

图 5-14 成果展示

专题二　民宿设计

民宿项目是在乡村振兴基础上发展而来的酒店建筑，民宿多依附当地的自然景观文化和人文景观文化。民宿兴起于 20 世纪 60 年代，最早在欧美国家发展起来，通过民间酒店的形式宣传当地的自然和人文文化，随着乡村的振兴，民宿在我国大面积发展。民宿旅游是对当地文化的宣传，成为餐饮、住宿、旅游一体化的发展模式，让游客进行全方位的体验。

民宿的优势：让城乡生活连接和互相促进。民宿有完美的设计环境，可以促进小型建筑的设计发展。民宿的发展可以保护乡村当地人文和自然景观。而且民宿的设计可以突出景观、空间、生活方式的发展前景。

民宿设计原则：建筑与生态的友好。通过建筑表达人文景观文脉的发展，新建筑与旧建筑的延伸变异。民宿产生新的惬意生活。民宿是一种新的交流发展空间，用全方位的形式表达新的建筑发展方式。

民宿设计要素：非标准化的酒店设计要素。民宿与当地文化环境要适应，在选址、起名、主题设计、建筑设计、改造策略上有一定要求。此外，还要注意设计的细节和建筑的环境设计，注意规模合理、控制成本、布局合理、景观氛围、合理的活动场地等。

一、项目背景

"擦石匠"项目位于北京怀柔擦石口村，环境优美，在项目周围种有很多的栗子树。项目位置僻静，山峦迭起，北达长城，东北到山峦的巅峰。项目周遭风景优美，开窗即可看到外面美丽的风景。（图 5-15）

（一）业主定位

擦石匠项目的受众人群主要是在北京旅游的客户群体，项目体现北京当地民宿的设计风格，以当地长城为人文景观，具有丰富的文脉发展空间。

图 5-15 项目环境

（二）设计定位

该项目是一户坐北朝南的农家大院。通过矮墙分割内院与外院，内院日常生活，外院生产农家必备的资源。四周依山傍水，泉水浇灌菜园。

户型分为正房和偏房，旅游住宿的客户根据自身不同的需求可以体味到北京农家小院的风格。项目建于 20 世纪 70 年代，五个开间，一个厅堂，两个内室。建筑考究，风格突出，细节上的瓦当和砖石都是非常考究的，符合现代人对人文文化传承的追求。

擦石匠是小尺度与周围大的环境相融合的一种具有复古性的建筑，折射了农庄文化的 50 年时光，在内外结合的基础上形成了人文与自然环境的和谐结合，体现出了老院子的尊荣感觉，以及时光留下的沉淀感。

设计者通过对老院子的深化设计，推出了一套坐落在长城脚下的北京民居建筑文化代表，表达出历史记忆的建筑理念。（图 5-16、图 5-17）

图 5-16 菜地改造的外院花园

二、设计理念

（一）空间设计特点

内院：是一套两进院子，五开间的房屋构架，拥有一堂两室的空间范围。屋子长 15.5 m，脊梁最高处达 4.5 m。建筑外观是砖瓦结构。（图 5-18）

图 5-17 现正院样貌

图 5-18 原院子外观

正房：室内是纸包墙，窗棂子是用纸糊的，里面设置有火炕，冬天取暖用。由于窗棂子大小适中，全屋光线很好，有 80 cm 的挑檐，冬暖夏凉，适合北方人居住。院内其他建筑通过下沉和减小进深、压低檐口等方式，让院子里面表现出宽阔的效果，并保证了正房的突出作用。后院建有两层楼阁，为观看楼上的景观设计创造了休闲的休息场所，向西眺望可观看夕阳和长城的壮丽风景。（图 5-19）

新建的下沉餐厅建设在老屋子里面，正对着风景优美的西山，随着日头的移动折射出美丽的光照感。位置处于门厅的地下二层，从主屋的房间走下去，就到了餐厅之中。从不同角度可以看出各异的风景。从餐厅看向外面，可以观赏白云苍狗，四季交替。（图 5-20）

新建的书房：通过透景法可以看到北边村子侧面石头墙留下的一道石头缝隙，后建的书房空

图 5-19 正院样貌

图 5-20 新建下沉餐厅

间中心明确，环境幽深质朴。淡淡的灯光给予了空间惬意、休闲的感觉。舒适的沙发与木质古拙的茶几烘托了室内的气氛。（图 5-21）

新建的内院，也是本案例的后院。在内院中新设计了酒窖的入口。内院中还保留了当地民俗特色的水龙头，建立水槽，方便流水，设计了很多当地的民俗老物件，烘托出了院子里面北方居民传统的样式。（图 5-22、图 5-23）

图 5-21 新建书房

图 5-22 内院民俗装置——新建的注水装置

图 5-23 新建内院

图 5-24 卫生间设计

卫生间：在正房与村里荒芜的院子旁边建设了卫生间。通过实木结构和大石块的肌理，构成卫生间的设计风格。通过白色光滑的肌理与墙面石块肌理的对比，形成凹凸有度的空间效果。（图 5-24）

带窗户的房间：设计了电动化的窗幔，只要一摁，就开启了景观观看模式，可以看到夕阳、冬雪等。（图 5-25）

客卧卫生间：通过斜窗卫生间的设计，将光线融入空间之中，带来光明的感觉。

三、设计思路

擦石匠案例是通过对四季、光影的研究，设计出的一套符合当地民俗的民宿客栈作品。在对冬夏风景的考量和设计之中，让使用者体会自然风光，传达天人合一的设计思路。通过早晚风景变化以及光感的应用，把随时间变化的风景传达

图 5-25 外部空间设计

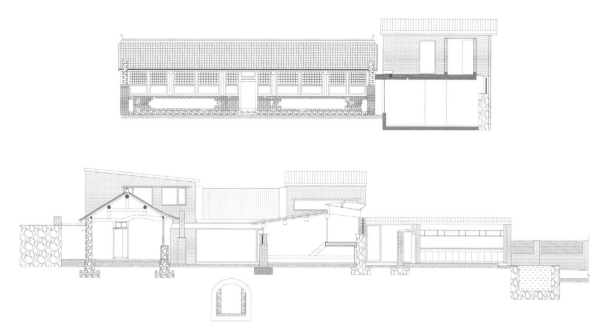

图 5-26 立面空间设计

给居住者。通过自然的变化，将声音、水源和风光结合，形成特有的风景特色，以及民居设计风格。半室外的中空平台连接外面的泉水，可以在室内听到泉水叮咚的声音，折射出小村庄的寂静和宁静。

光线的照射也形成特有的光线角度和立体效果。随着光线的移动，一束透射光在屋子里形成了明与暗的对比。

四、设计要素

（一）声

通过注水装置的叮咚声，来体现空间中的仪式感和四季变化的空间惬意感。

（二）光

把东侧的储藏室设计为接待客人的茶室，并合理利用空间中的光线。通过合理的空间与光线的布局，设计出适合休憩的阳台。

（三）色彩和材质

用桃红色的方块背景点缀休闲空间。空间的材质上使用了砖石，结合帷幔的使用，突出古朴和轻柔舒适的感觉。

五、设计原则

通过光滑的木质与石头肌理的对比、黑白关系的颜色对比，以及窗户对称和平衡的设计，形成和谐的空间关系，给居住者一种稳定、开阔的视野关系。

六、图纸分析

通过整齐的方形结构布局空间形成良性的布局方式。各个功能房间配比均衡，形成合理的结构方式。在一层合理设计出工坊、茶室、厨房、餐厅、书房、客房、地下酒窖，在二层设计客房、花园、屋顶花池。

在立面空间中应该合理设计空间的比例关系，布局出门框和民居装饰线条，以及地窖的高低位置。（图 5-26）

专题三 交流空间设计

交流空间设计已经成为以社区为单元的区域住宅空间。本案例主要介绍养老院，老年居住公共空间。随着全球老龄化的蔓延，老年人的养老已经逐渐成为居住空间设计的议题。各个国家开始关注老年人的身心健康，"空巢老人""银发族"已经开始为全球人们所关注，为了给老年人提供合理、舒适、便捷的空间，设计界的人们开始研究适合老年人居所的养老院、康养项目以及老年人活动中心。

一、项目背景

该项目是华润北京大兴翡翠城存量物业改造康养项目室内部分及公共空间。翡翠城位于黄村北区，五环外的西南地区。项目把"风景、人物、山水"整体地融入园林造景之中，是极具园林式的优美风景宜居小区。

项目交通位置便捷，紧邻五环、京开高速公路。东侧是一处市政街景公园，公园植物葱茏、风景美丽。西侧是大型体育中心，给小区环境提供一颗优美的"绿肺"，成为一座新鲜的"天然氧吧"。

（一）受众分析

随着生活节奏越来越快，中青年的时间变得紧张而快捷，留给老年人的时间渐渐变少。"空巢老人"和"银发族"逐渐增多。华润北京大兴翡翠城存量物业改造康养项目主要为失智老人和失能老人提供一个合理、舒适的居住空间。

（二）使用诉求

老年人由于身体机能的衰退和心理安全感的缺失，对居住环境和生理服务的要求逐渐提高，便于老人居住的客房、有扶手的卫生间都是必不可少的使用需求。

（三）设计定位

针对老年人群体的花园式照护中心，把花园环境搬入老人居住空间之中。该项目属于中高端小微养老机构，是具有家庭感设计的老年公寓。

二、设计理念

（一）以人为本

以人为本是老年公寓居住空间设计的出发点，符合长者的身体功能需要和视觉心理感官的需求，符合各种有缺陷老人的要求。公寓提供相应的生活服务，突出人机工程学的项目优势，利用优势进行深度设计。

（二）物尽其用

居住空间功能、感受、空间三位一体。（图5-27）

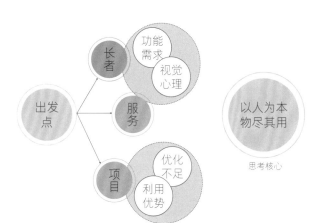

图 5-27 人机交互关系

三、设计思路分析

（一）特殊环境的人性化设计

改变失智老人孤独消沉的心理，通过对色彩的研究，选择放松亲切的颜色来作为设计需求的颜色；通过交流空间的设计来缓解老年人的孤独感；通过模仿家的感觉来设计卧室、客厅，让老人有家的安全感。（图5-28）

创造合适的空间，利于行动不便的老人。让空间变得友好，让室内的功能适合失智的老人。通过改变室内的尺寸大小，让生活器械适合老人。改

图5-28 环境分析

变空间内物质的形态，防止老人受到伤害。（图5-29）

设计符合失智老人的室内空间标识体系，让老人们在公寓中明确地找到自己的"家"。通过最基础的颜色变化，区分老人的房间，构造家的空间。（图5-30）

室内陈设的摆放及其在空间中的功能作用是失智老人生活的延续。可以把原来家里面的挂画、相册等常用装饰品放置到房子里面，还原常用的桌子、柜子和沙发等家具在空间中的摆设。（图5-31）

（二）便捷功能的设计

通过对健康老人和失智老人的不同空间设计对比，形成两种或多种空间功能需求。健康老人应该设计得齐全、实用，失智老人应该设计得简单、安全、实用。通过功能的不同布局出室内功能需求不同的居住空间。（图5-32）

图 5-29 功能分析

图 5-30 色彩分析

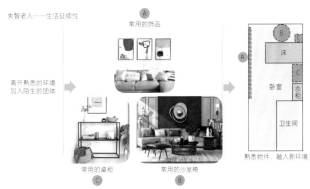

图 5-31 陈设分析

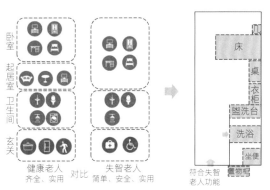

图 5-32 使用功能分析

图 5-33 功能分析布局

图 5-34 挑空花园

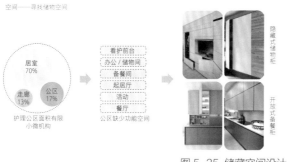

图 5-35 储藏空间设计

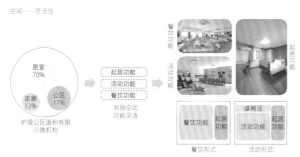

图 5-36 功能空间划分

（三）失智老人的居住空间设计

通过合理的空间结构构架，在居室空间中安排床、几、桌子、衣柜、盥洗台、洗浴、坐便以及置物柜。在床品的设计上，与地面颜色有所区分。把桌子布置在床头，方便老人放置熟悉的物品。设置半开敞的衣柜，方便独居的老人更衣，放置熟悉的生活用品，还可配上锁头，以便安全

地保存物品。在坐便的设计上，区分马桶和地面的颜色，方便老人辨识。玄关处设置置物柜，放置熟悉的物品，兼顾医护用品。（图 5-33）

（四）失智老人的花园设计

把室内外空间打通，消除室内外隔绝孤立的失落感觉。将绿色空间代入室内空间，形成一种天然的"氧肺"功能。在绿色景观的设计之中，符合健康老人和失智老人的享受感官，形成一种缓解孤独感的绿色氛围。（图 5-34）

（五）储物功能设计

把空间按百分比计算，70% 为居室空间，13% 为走廊空间，17% 为公区空间。在这些空间中分别设置看护前台、起居厅、活动空间、餐厅，以及隐藏式储物柜、开放式储物柜。（图 5-35）

（六）居住空间的灵活性

在对空间进行限定之后，对起居功能、活动功能、餐饮功能等有限的空间功能可以灵活地处理，合理安排餐饮功能、活动功能、起居功能。通过不同的组合方式，得到不同的功能区域。（图 5-36）

图 5-37 房间声音的传播

四、设计要素

（一）声

声音的传播在养老项目中是重要的因素，所有居室中的老者都是要注重隔音效果的。老人们在居室之中，既希望得到外面有声的互动，又希望保持自己安静的空间环境需求。所以在居室设计中要设计合理的通风窗口，方便声音的传出和传入。（图 5-37）

（二）光

光是老年人对居住空间的第一位需求。设计中有了光就可以合理地突出空间的微妙感。在空间布局中，设计师将空间中的光和景合理地布置到其中，形成了光明、敞亮的空间效果。（图 5-38）

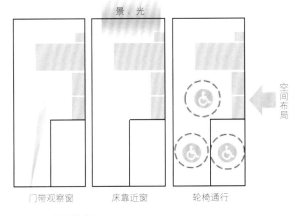

图 5-38 光线的传播

（三）色

色彩是突出空间整体设计和标识的重要元素。在养老公寓的设计之中，将木、绿植、水的不同颜色应用到分区之中，形成接待公区、护理公区、医疗康复区、护理走廊、长者居室等空间内容。在每一户老人居住的护理区中设置标识色彩，形成不同的空间形式，方便老人辨识。（图5-39）

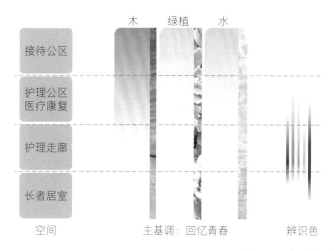

图 5-39 色彩的设计

（四）人体尺寸和空间尺度要素

在研究老年人生理和心理的基础上设计符合老年人与环境、物三者之间的交互空间。例如卫生间马桶高度的设计、马桶周围扶手高度的设计、洗漱台高度的设计都要符合失智老人和健康老人的不同高度需求。（图5-40）

（五）材质要素

设计之中采用白色石膏顶棚、环保木质构架、原木式桌椅板凳，形成材质上的对比。（图5-41）

图 5-40 卫生间的功能马桶依凭

五、设计原则

（一）美学原则

1. 比例与尺度

在空间设计之中，比例和尺度直接关系到空间的和谐和感官享受。通过挑高活动空间，扩大比例，能够给予老人舒适、开敞的视觉和感官享受，符合老年人对交流公共场所的应用。适合的尺度在空间中形成一定的感官享受，使空间的舒适度得到提升。在设计中要通过扩大和缩小尺度比例，形成相应的视觉感官享受。

图 5-41 大厅材质设计

图 5-42 大厅空间设计

图 5-43 大厅空间平衡设计

图 5-44 客房空间的对比关系

图 5-45 空间的节奏韵律

陈设方面通过吊挂比例较大的灯具占据的空间尺度，形成一定的空间比例，通过大小尺度在室内空间的对比，形成浑然天成的视觉感官享受。（图 5-42）

2. 对称与平衡

在空间的配置中，尤其是涉及老年人的感官系统，对对称和平衡的追求是必不可少的，在老年人的感官要求中，需要和谐的、均衡的视觉感受，从中寻找相应的设计方式。

3. 统一与对比

在此项目的顶棚设计中，左边设计小的灯头，右边设计大的灯头，左右对比形成均衡的关系。在空间中采用方圆结合的形式，在方形的空间中放置圆形的吊灯，与方形的室内空间形成对比。在该案例中把空间内的颜色、冷暖对比进行统一调和，将方圆形式进行对比。（图 5-43、图 5-44）

4. 节奏与韵律

在养老公寓大型交流空间设计之中，通过背景墙的节奏重复和圆形吊灯的韵律变化，形成空间中的有效层次。空间中通过重复与变异的效果，达成室内空间景观的温馨效果，给予空间一种生动的感觉。在整体设计中一定要注意设计中节奏的律动和韵律的变化。（图 5-45）

（二）功能性原则

1. 尺度性原则

尺度是一种空间内人体功能需求的尺寸要求。在老年公寓中，尺度直接关系到居住设备是否能够被使用。

尺寸分为静态尺寸和动态尺寸两种。在老年公寓中，静态尺寸是床的高低，动态尺寸是防止轮椅滑到桌子下面的尺寸。通过对人体两种尺寸的研究，合理得出相应的高低、大小尺度。（图 5-46）

2. 规范性原则

养老院设施应该由居住卧室、公共活动中心、医疗设施房、健身中心以及前台行政中心组成。卧室包括卫生间、起居室、厨房、

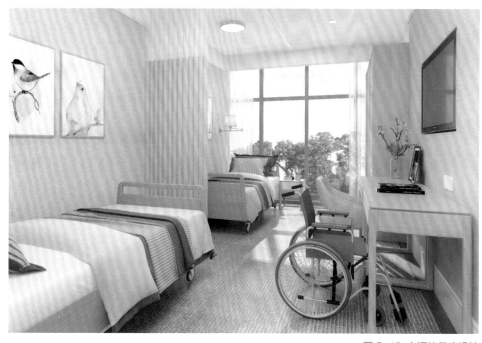

图 5-46 空间的尺度设计

公共区：

北楼：接待活动
南楼：康复医疗

辅助区：

诊室、公卫、助浴、清洁

护理公区：

活动、就餐、起居

护理室：

认知症护理、短期失能护理

层数	单元楼	双拼	双床间	单床间	总计房间数	床位数
首层	北	3 间	3 间	6 间	12 间	18 床
	南	3 间	4 间	4 间	11 间	18 床
					23 间	36 床

层数	单元楼	双拼	双床间	单床间	总计房间数	床位数
二层	北	0 间	2 间	11 间	13 间	15 床
	南	3 间	5 间	8 间	16 间	24 床
					29 间	39 床

总数					52 间	75 床

图 5-47 空间分割图

阳台、浴室等空间功能设备。老年卧室不得多于四个床位，全护理老人不得多余六个床位。活动中心应该包括棋牌室、阅览室、健身场所。

甲级养老院还应该有护理病房、多功能餐厅、心理咨询室。乙级较上少了心理咨询室。在设计与施工过程中，必须遵循规范及相关规定。

3.舒适性原则

舒适性原则是指在空间中有和谐的居住氛围。在设计之中，把握老年人的生活舒适点。声、光、色的合理传播，使居住空间充分温馨，冬天温暖，夏天凉爽。落地的窗户可以很好地看到窗外的风景。合理的空间尺度，带来温馨且宜居的空间。

六、图纸分析

码 5-3 总平面图

（一）总体布局

1.平面布置

整个空间设计中分了两个出入口，一个是主出入口，另一个是次出入口。主出入口作为接待和康复医疗出入口使用。整体布局方圆结合，功能区划分合理，黄色的是公共区域，北楼是接待活动中心，南楼是康复医疗中心。粉色的是诊室、公共卫生间、洗浴区、清洁区。蓝色的是活动、就餐、起居中心。绿色的是护理室，包括认知护理室和短期失能护理室。总共52间房间，75张床。（图 5-47）

图 5-48 立面布置图

图 5-49 天花图

2. 立面布置

该项目通过对墙面的规划设计，形成墙体的分割和适用的短暂休息区，把里面空间很好地划分，并形成一定的设计感。木质画框的设计很好地将地面与墙面结合。右侧木质框架的分割很好地构成了里面的布置结构，斜切的角度形成了空间的完美组合。（图 5-48）

3. 天花布置

在天花的布置上，采用了新型的新风系统、各类管线的设计布局方式，圆形主光源灯具发射出柔和温暖的光色。（图 5-49）

4. 地坪布置

为了在大厅中起到防滑的效果，地面铺设仿古砖石，卧室铺设柔软的地毯，走廊铺设防滑地砖，卫生间铺设仿古瓷砖，都能起到防滑的作用。

（二）功能流线分析

在该案例中，南北楼分别具有四条动线，分别是接待动线、组团动线、出入动线和送餐动线。通过不同受众群体的行动目标和行动过程，得出这四条功能流线。从出口开始，到不同的功能分区，形成不同功能需求的动线。动线在养老院项目设计中是复杂而明确的，应该合理利用。

码 5-4 功能流线图

课时安排：2课时

课时任务：通过赏析学生的旧屋改造设计、民宿设计以及交流空间设计，深入了解设计方案的设计思路、设计理念和设计方法等。

学习目的、意义：通过学习本章节的知识，评价学生的旧屋改造设计、民宿设计以及交流空间设计，了解好的方案的设计思路、设计理念以及设计方法。

要求掌握的知识：通过对学生设计的居住空间分析案例进行深入分析，从优秀作品中获得设计思路。

课时内容：主要介绍学生作品旧屋改造设计、民宿设计以及交流空间设计，以学生案例点评的形式得出独特的设计方式和理念。

要点：学生作品旧屋改造设计、民宿设计、交流空间设计案例，以及通学生案例的点评得出相应的设计思路。

一、旧屋改造点评

此案例是对一座骑楼的旧屋空间改造，使用了符合夜上海神秘的颜色，将空间变得延展以及有纵深度。木藤家具提升了屋子的美感。设计层次丰富，色调浓郁深厚。（图5-50、图5-51）

设计理念：把骑楼的原始结构进行改造，利用原生态的结构形式，进行演化设计。木质结构的切入引出了骑楼的古典美。把旧房改造的精髓"去粗取精，去伪存真"的理念运用到了设计之中，功能与审美并存，形成新的古典骑楼的装修效果。

第三节 作业讲评

图 5-50 骑楼的旧屋改造 钟少烽

码 5-5 平面图与立面图

图 5-51 骑楼的旧屋改造

图 5-52 新中式民宿 程宇霞小组

码 5-6 平面
布置图

设计思路：将原木素材与民国风格融入骑楼
的改造设计之中。藤编艺术与翡翠绿、孔雀蓝搭
配，形成悠远深沉的色调对比。

设计要素：把光线的传播运用到极致。色彩
浓郁鲜明，格调突出。

设计原则：色彩与材质对比明确且统一，形
成了灵动有力的空间。

优点：整体风格深沉、遒劲有力。

缺点：个别效果图颜色暗沉，有待研究冷暖
效应。

二、民宿设计点评

这套《新中式民宿》作品是新中式的古典风
格，设计大气，方圆结合，是一套合格的民宿设计。
（图 5-52）

设计理念：主要将新中式的风格融入民宿设
计之中，主打原木式的贴皮木纹，将木质元素合
理地应用到空间设计之中。色彩清新，木质材料
浑厚。

设计思路：设计灵感来源于木质肌理的材质，
空间中以木材进行中式禅意风的装饰，把整体氛
围突出得淋漓尽致。用山水以及植物的元素装点

空间，形成新的空间效果。

设计要素：开敞的空间适合声音与光线的传播。屋子的墙壁装饰浅色的壁布，有利于空间的折射和反射效果。

设计原则：采用有节奏的木质栅栏结构装饰床头背景墙，使用有韵律的装饰品和灯具装饰空间。

优点：风格统一，效果图渲染大气。

缺点：个别手绘效果图有些粗糙。

三、交流空间设计点评

这个作品是俄式交流空间的餐吧设计。通过对大型交流空间风格统一的把控，形式具有延展性，较好地应用了交流空间设计所涵盖的设计理念以及设计风向。（图5-53）

设计理念：学生这套设计作品很好地将俄式风格融入居住空间的餐吧设计之中，把风格化的理念融入餐吧的风格趋向之中，结构明确，装饰意味浓重，是具有十足俄国风情的餐厅，同时也加入了一些中式元素进行混搭。

设计思路：利用砖石和木栅栏的结构风格，进行空间的隔断和功能区域的分割，形成异国风情的餐吧设计。

设计要素：以点光源照亮浓浓的异国风情的餐吧空间。

设计原则：本着对比协调的原则来装饰空间，以肌理的对比来烘托空间中的和谐之感。

优点：空间功能划分合理，区域面积舒适。

缺点：效果图渲染有些偏暗。

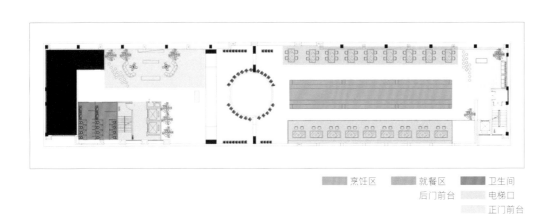

烹饪区　　就餐区　　卫生间
后门前台　　电梯口
正门前台

图5-53 俄式交流空间餐吧设计 苏展鹏小组

课时安排：8 课时

课时任务：通过 AB 卷的形式，考核学生对居住空间设计的掌握程度。

学习目的、意义：通过设计训练，掌握设计方案的设计思路、设计理念以及设计方法等。

要求掌握的知识：通过 AB 卷的命题方式，考核学生对居住空间案例分析能力，通过作品体现设计思路、设计理念以及设计方法等。

课时内容：AB 卷的考核方式。

要点：通过考查的形式考核别墅空间设计、复式空间设计、loft 户型空间设计、跃层户型空间设计、平层户型空间设计要点，以及对轻奢风格、新中式风格、北欧风格、美式风格、日式风格等设计风格的掌握。

"居住空间设计" 课程考查（A 卷）

课程考核形式：考查

课程考查内容及要求

主题：以下居住空间类型任选其一（100 分）

1. 别墅空间设计

2. 复式空间设计

3. loft 户型空间设计

4. 跃层户型空间设计

5. 平层户型空间设计

设计要求：

1. 根据所选主题，自选任一户型，分析空间现状，把空间打造为主题明晰、布置合理、符合居住者需求的居住空间。

2. 提交内容：空间分析、平面图、立面图、效果图、设计说明或其他形式的设计表达。

3. 作品表达形式：电脑制图或手绘。

4. 作品提交形式：A1/A2/A3 规格，电子排版，PDF 格式。

5. 考查要求：个人或小组完成。

评分标准：

1. 主题突出，风格明晰，设计效果良好，制图规范，比例及透视准确。（20 分）

2. 空间布置合理、舒适、安全，注重居住者心理，富于创意。（30 分）

3. 排版美观，图纸齐全。（40 分）

4. 设计说明精练准确。（10 分）

第四节 设计训练

loft 户型空间设计评析

该作品是宠物 loft 公寓设计，作品大面积使用莫兰迪色，把空间的蓝色肌理和工业风格的墙壁进行对比。用圆和方的结构形成合理的空间风格，极具设计感，是一套不错的案例设计。（图 5-54）

设计原则：根据户主的生活方式、生活习惯以及喜爱的风格出发，秉持以人为本的设计原则。

设计理念：以往人和宠物相处往往是宠物适应人的空间，该作品希望打造一个既属于业主同时又适合宠物的居住空间，让彼此能更好地陪伴对方。

设计思路：猫咪和狗狗都爱钻洞，宠物的小窝也一般为圆形洞口，将这个特点运用到空间设计中，同时满足业主和宠物们功能上和形式上的需求。

优点：色彩设计饱和度高，光线清晰。

缺点：灯光设计有待深入。

码 5-7 loft 公寓
平面图及立面图

图 5-54 宠物 loft 公寓设计 钟少烽小组

图 5-55 暖阳之家 黄焕然小组

作品《暖阳之家》大面积使用柔软鲜亮的莫兰迪色，把温暖的水红色和白色的家具、地板进行对比，形成现代温馨的女性生活空间同样也是一套不错的案例设计。（图 5-55）

设计理念：在如今繁忙的城市中，让人们在工作后拥有一个简单、舒适可以放松身心的空间。人性化设计在该作品中无处不在，从时间延伸到空间，从物质世界升华到精神世界。

设计思路：在 loft 户型空间设计上，要考虑空间的分配与布置，从用户的职业、年龄、爱好等方面切入，采用现代简约的设计风格，追求轻松、自由的效果。

设计要素：该设计的重点体现在莫兰迪的颜色搭配上，墙壁与家具颜色大多为珊瑚红与暖白，使人们视觉上能够第一时间感受到暖色调的冲击，营造一种家的温馨氛围。

设计原则：设计源于生活，服务于生活。

优点：色彩明快，符合主题，设计贴近生活。

缺点：构图的平衡感有待提升。

"居住空间设计"课程考查（B卷）

课程考查形式：考查

课程考查内容及要求

主题：在以下风格流派中任选其一，户型自拟，进行居住空间设计（100分）

　1. 轻奢风格

　2. 新中式风格

　3. 北欧风格

　4. 美式风格

　5. 日式风格

设计要求：

　1. 根据所选主题，自选任一户型，分析空间现状，把空间打造为主题明晰、布置合理、符合居住者需求的居住空间。

　2. 提交内容：空间分析、平面图、立面图、效果图、设计说明及其他形式的辅助表达。

　3. 作品表达形式：电脑制图或手绘。

　4. 作品提交形式：A1/A2/A3规格，电子排版，PDF格式。

　5. 考查要求：个人或小组完成。

评分标准：

　1. 主题突出，风格明晰，设计效果良好，制图规范，比例及透视准确。（20分）

　2. 空间布置合理、舒适、安全，注重居住者心理，富于创意。（30分）

　3. 排版美观，图纸齐全。（40分）

　4. 设计说明精练准确。（10分）

轻奢风格评析

码 5-8 《金属交响乐》
平面布置图

作品《金属交响乐》主要采用了轻奢风格，金属与皮质、绒布混搭，形成一种超现实主义的轻奢风格，有自己独到的设计理念。（图5-56）

设计思路：在效果图设计中，以现代简约的轻奢风格为主。轻奢风格是比较流行的一种装修风格，这种风格美观、时尚，没有过分的装饰，一切从功能出发，空间结构明确美观、简洁。在空间配色上以马卡龙颜色与白色相结合，形成一种欢快的生活气氛；在空间结构上多以钢化玻璃、不锈钢等新型材料作为辅材，给人带来前卫、不受约束的感觉。

设计理念：简约并不是缺乏设计要素，而是用简约的手法进行室内创造，以删繁就简，去伪存真，在满足功能需要的前提下，将人与空间组合起来进行合理设计。在日趋繁忙的生活中，以简洁、纯净的设计手法创造一个舒适、放松的空间。

设计原则：空间中的金属质感和地毯纤维形成对比，形成浓烈的金属交响曲。

优点：肌理效果渲染图不错。

缺点：注意把握曝光程度和明暗对比度的调节。

图 5-56 金属交响乐 胡丹凤小组

参考文献

1. 汤留泉，王勇 . 现代居室装修全程指南 [M]. 北京：中国电力出版社，2006.

2. 汤留泉，家居空间设计与材料选用 [M]. 沈阳：辽宁科学技术出版社，2015.

3. 沈渝德，刘冬 . 住宅空间设计教程 [M]. 重庆：西南师范大学出版社，2016.

4. 汤留泉 . 家装无忧：新房装修 [M]. 北京：中国电力出版社，2010.

5. 赵海涛，陈华钢 . 中外建筑史 [M]. 上海：同济大学出版社，2010.

6. 屈钧利，杨耀秦 . 建筑材料 [M]. 西安：西安电子科技大学出版社，2016.

7. 王勇 . 室内装饰材料与应用 [M]. 2 版 . 北京：中国电力出版社，2012.

8. 杨丽君 . 建筑装饰设计 [M]. 北京：北京大学出版社，2012.

9. 邹寅，李引 . 室内设计基本原理 [M]. 北京：中国水利水电出版社，2005.

10. 王勇 . 家装材料百事通 [M]. 北京：科学出版社，2011.

11. 施胤，梁展翔 . 室内设计 [M]. 2 版 . 上海：上海人民美术出版社，2009.

12. 赵成波，赵丽莉 . 室内设计原理 [M]. 成都：电子科技大学出版社，2015.

13. 王勇 . 新手家装百事通 [M]. 北京：科学出版社，2011.

14. 郑曙旸 . 室内设计·思维与方法 [M]. 2 版 . 北京：中国建筑工业出版社，2014.

15. 耿纪朋 . 中国美术史 [M]. 重庆：重庆出版社，2010.

16. 孙峰，方新 . 室内陈设艺术 [M]. 北京：北京理工大学出版社，2009.

17. 付知子 . 中外建筑史 [M]. 武汉：武汉大学出版社，2015.

18. 粟亚莉，赖旭东 . 酒店设计教程 [M]. 重庆：西南师范大学出版社，2013.

19. 潘谷西 . 中国建筑史 [M]. 北京：中国建筑工业出版社，2009.

20. 翁凯 . 室内空间设计 [M]. 长春：吉林美术出版社，2018.

21. 吕微露，张曦 . 住宅室内设计 [M]. 北京：机械工业出版社，2011.

22. 王勇 . 家装监理必知 300[M]. 北京：中国建材工业出版社，2010.

23. 汤留泉，李梦玲 . 现代装饰材料解析 [M]. 北京：中国建材工业出版社，2008.

24. 黄滢，马勇 . 禅意东方：居住空间 .XV[M]. 武汉：华中科技大学出版社，2018.

25. 袁巧兰 . 人体工程学在专卖店空间设计中的应用 [J]. 大众文艺，2019（7）：90-91.

26. 赵红翠 . 论美学原理在软装设计中的应用 [J]. 中国科技博览，2016（6）：234.

27. 周有武 . 居住空间室内设计的教学与实操流程对比分析 [J]. 丝路艺术，2018（6）：275.

28. 杨述 . 转变农业发展方式 加快城乡一体化进程——以哈尔滨市香坊区城乡一体化建设为例 [J]. 黑龙江生态工程职业学院学报，2010（6）：46-47，99.

29. 赵夏榕 . "颠覆"设计——访云邑设计创始人兼设计总监 李中霖 [J]. 设计家，2018（1）：28-32.

30. 赵夏榕 . 突破风格，珍视无用之用——对话近境制作主持设计师 唐忠汉 [J]. 设计家，2018(1)：33-36.